バイオ実験 トラブル解決 超基本 Q&A

Bio technology

OtoMichiei
大藤道衛

羊土社
YODOSHA

医学とバイオサイエンスの 羊土社
http://www.yodosha.co.jp/

- ● 羊土社のWEBサイトでは，簡単に書籍を検索でき，内容見本，索引など，書籍の詳細な情報をご覧いただけます
- ● WEBサイト限定のコンテンツや求人，学会情報などの役立つ情報が満載です．ぜひご活用ください

▼ メールマガジン「羊土社ニュース」にご登録ください ▼

- ・毎週，羊土社の新刊情報をはじめ，求人情報や学会情報など，皆様の役にたつ情報をお届けしています
- ・羊土社ニュースでしかご覧いただけないお得な情報もございます

登録はこちらから http://www.yodosha.co.jp/mailmagazine/news.html
（登録・配信：無料）

はじめに

　バイオ実験でのトラブル突破の考え方，トラブルを起こさない方法とは何でしょうか？　トラブル突破とトラブルを起こりにくくする方法はあるのでしょうか？
　本書は，トラブル突破やトラブルを起こりにくくする定石を示し，実際に起こったトラブルの事例を解決しながら，実験初心者がバイオ実験の知識や勘所を養えるように構成してあります．昔から，実験のカンがよくて上手い人はいます．しかし，カンがよい人も無意識にいろいろなことを考えて訓練しているのだと思います．
　学生や実験の初心者が見舞われるトラブルの原因には，大まかに分けて下記のようなことがあります．
1. 実験操作など実験者の技能に関わるトラブル
2. 試薬自体の問題によるトラブル
3. 実験の組み方の問題によるトラブル
4. 使用する水の純度や空調管理など実験室環境の問題によるトラブル
5. 検体やデータの管理など実験体制の問題によるトラブル

　トラブルに見舞われることは不幸なことではありません．初心者はトラブルを解決する過程で，実験の原理，テクニックのコツや実験の組み方を学んでいけます．また，安定したデータが出せる新しいテクニックに繋がることもあります．
　本書では，トラブルが起きた時の着眼点ならびにトラブルが起きないような注意点を，事例を通じてあげてみます．取り上げる実験内容は，初めてバイオ実験，分子生物学実験を行う際に必ず出会う基本的な項目を取り上げました．基本的な実験ですが，いろいろなトラブルが潜んでいます．その際に，どのように考えたらよいかを抽出し説明します．トラブルシューティング集は，実験書に必ず付いています．また，バイオ支援企業のホームページには製品についての詳細なQ&Aがついています．しかし，実際に起こることは，トラブルシューティングに書いていないこともあります．トラブルが起きた時に，先輩や慣れている技術者に聞けばすぐに教えてくれると思いますが，自分でトラブルを克服したり，回避できるような考え方をもつクセをつけることは，初心者にとっても大切です．著者は実験を始めた当初，ある研究者に「私は10年仕事をしているから，10年目の考えがある．君は2週間ならば2週間の考えがあるはずだ」と言われました．本書に書かれている事柄は，慣れた実験者なら誰でも自然に行っていることなのです．本書を活用し自分で考えながらトラブル解決することで，実験技術ならびにデータの見方・考え方を高めてください．
　本書作成に当たり，多くの方々の御協力をいただきました．東京テクニカルカレッジ・バイオテクノロジー科卒業生のヴィック・ヒーモイン・澄子さん，鈴木恵理さん，佐久間裕行さんには，実務者の立場からの御意見をいただきました．この場を借りて感謝いたします．最後になりましたが，本書の出版にあたっては，羊土社編集長一戸裕子様，編集部嶋田達哉様に大変お世話になりました．ここに感謝の意を表します．

2002年2月

大藤道衛

目次

CONTENTS

本書の構成 ・・・・・・・・・・・・・・・・・・・・・・11

第1章 トラブル突破とトラブルを起こりにくくする定石

1. バイオ実験トラブル突破の方法とは何でしょうか？
- ① トラブルを起こす ・・・・・・・・・・・・・・・・16
  トラブルが起こった時に，どうしたらこのトラブルを起こせるかを考えてみましょう．その中に原因を見つけられます．
- ② コントロールを探す ・・・・・・・・・・・・・・・21
  実験の中でどの系がコントロールになるか見きわめましょう．また，必要に応じコントロール実験を再実験しましょう．
- ③ プロトコールに忠実か ・・・・・・・・・・・・・・25
  プロトコールを自分で変えていないか考えましょう．
- ④ 先入観の排除 ・・・・・・・・・・・・・・・・・・25
  実験データを先入観に惑わされないよう見ましょう．
- ⑤ サンプルの確認 ・・・・・・・・・・・・・・・・・26
  使用するDNA，RNA，タンパク質などのマテリアル・検体の純度や性質を確認しましょう．

⑥ 撹拌，混合 ･････････････････････････ 27
意外な落とし穴が撹拌，混合です．

2. トラブルを起こりにくくする方法は何でしょうか？

⑦ 実験の原理を知る，試薬/検体の特徴を知る ････････ 32
実験の原理や方法の長所短所を知り，個々の試薬を使用する意味を知ることです．

⑧ コントロールの設定 ･･･････････････････ 35
コントロールが置かれた実験系を組むことです．

⑨ 実験の重複 ･･･････････････････････ 37
同じ実験を重複したり，原理の異なる方法で実験をしましょう．

⑩ プロトコールの作製 ･･････････････････ 38
実験プロトコールを必ず作製しましょう．また，複雑な系は，分節化して作製しましょう．

⑪ 機器のブラックボックス ･･････････････････ 40
実験機器などのブラックボックスで何が起こっているかを知りましょう．

⑫ Cold Run ･･････････････････････････ 41
Cold Runで実験の段取りを行いましょう．

⑬ コンタミ ････････････････････････････ 43
コンタミの考え方を身に付けましょう．微生物だけではなく，いろいろなコンタミは，実験を妨害します．

⑭ 「精」と「粗」 ･･･････････････････････ 44
実験の「精」と「粗」を知りましょう．

⑮ サンプル管理 ･･････････････････････ 46
サンプルやデータの保存管理を明確にしましょう．

⑯ 事例を記録 ･･････････････････････････ 48
トラブルを解決した際には，どのようにして解決したか事例として記録しましょう．

第2章 トラブル解決Q&A Case

― 難易度表 ―

❓❓❓（難易度1）／❓❓❓（難易度2）／❓❓❓（難易度3）

Case 1　クローン化したDNAからサブクローンを取る（サブクローニング） ... 52

	難易度		
Q1	❓❓❓	プラスミドの入った大腸菌を入手し培養したのですが，菌が生えてきませんでした．どうしてでしょうか？	56
Q2	❓❓❓	入手したプラスミドをマップに従い制限酵素（*Bam*HI）で消化したのですが，インサート内部で切れませんでした．どうしてでしょうか？	58
Q3	❓❓❓	プラスミドを制限酵素で消化したのですが，制限酵素地図よりも切断箇所が多かったです．どうしてでしょうか？	61
Q4	❓❓❓	異なる2つの制限酵素で一緒に消化すると切れないのですが，どうしてでしょうか？	65
Q5	❓❓❓	ミニプレップにてプラスミドDNAを抽出した際に，制限酵素処理をしてインサートを確認しました．しかし，インサートを大量精製するために再度制限酵素処理したところ切れなくなったのですが，どうしてでしょうか？	68
Q6	❓❓❓	サブクローニングしようと思ったのですが，ベクターのマルチクローニングサイトに適当な制限酵素サイトがありません．どうしたらよいでしょうか？	70
Q7	❓❓❓	CsCl-EtBr超遠心分離にて大量にプラスミドを精製したのですが，閉環状プラスミドに開環状プラスミドが多く混入していました．どうしてでしょうか？	72
Q8	❓❓❓	プラスミドを精製しているのですが，実験中にどこで止めてよいのでしょうか？	76
Q9	❓❓❓	ガラスビーズ法でDNA断片を精製したのですが，回収率が悪いです．どうしたらよいでしょうか？	78
Q10	❓❓❓	リンカーを付けた後にDNA断片を制限酵素処理してサブクローニングしたところ，予想よりも小さい断片になってしまいました．どうしてでしょうか？	81

難易度

Q11 ●●● スリーピースライゲーションを行ったのですが，連結できませんでした．どうしたらよいでしょうか？ 83

Q12 ●●● ブラントエンドライゲーションの効率が低いのですが，どうしたらよいでしょうか？ 85

Q13 ●●● 形質転換効率が安定しないのですが，どうしてでしょうか？ 87

Q14 ●●● サブクローニングを行ったのですが，コロニーが全くできませんでした．どうしてでしょうか？ 89

Q15 ●●● *lacZ* 系を用いてカラーセレクションによるサブクローニングを行ったところ，青色のコロニーしかできませんでした．念のためこのコロニーからプラスミドを抽出しましたが，インサートが入っていません．どうしてでしょうか？ 92

Q16 ●●● ミニプレップで抽出したプラスミドが制限酵素で切れませんでした．どうしたらよいでしょうか？ 96

Q17 ●●● ミニプレップ精製プラスミドにゲノム DNA のコンタミがあります．精製方法に問題があるのでしょうか？ 98

Q18 ●●● ベクターにインサートを挿入しサブクローニングしたのですが，インサート DNA 断片の向きがわからなくなってしまいました．どうしたらよいでしょうか？ 100

Q19 ●●● 精製プラスミド DNA を保存後に電気泳動したところバンドが見えなくなってしまいました．どうしてでしょうか？ 104

Case 2　PCR による DNA 配列の変異解析とシークエンシング　106

Q20 ●●● いくつかの組織から抽出したゲノム DNA を制限酵素（*Bam*HI）処理またはテンプレートとして PCR 実験に用いたのですが，切れなかったり増えない検体があります．どうしてでしょうか？ 110

Q21 ●●● 多型解析を行うためいろいろな組織から抽出したゲノム DNA を電気泳動で調べたところ，スメアー状のものがありました．壊れているようですが，使用できるのでしょうか？ 114

Q22 ●●● ホルマリン固定・パラフィン包埋切片サンプルから PCR で増幅したのですが，バラツキが大きいです．どうしたらよいでしょうか？ 117

CONTENTS

		難易度		
Q23		★★☆	アガロースゲル電気泳動で PCR 産物（約 300bp）を分析したのですが，バンドが BPB 色素とほとんど同じ位置に出てきて分析できません．どうしたらよいでしょうか？	119
Q24		★★☆	アガロースゲル電気泳動でゲルに EtBr を加えて染色したところ，一部の DNA バンドが見えなくなっていることがあります．どうしてでしょうか？	123
Q25		★☆☆	電気泳動中に電流が流れなくなりました．どうしたらよいでしょうか？	126
Q26		★★★	ポリアクリルアミドゲル電気泳動のバンドが歪むのですが，どうしてでしょうか？	128
Q27		★☆☆	ポリアクリルアミドゲルが固まらないのですが，どうしてでしょうか？	131
Q28		★★☆	銀染色を行ったのですがバックグラウンドが高くて解析できませんでした．どうしてでしょうか？	135
Q29		★★★	論文通りの条件で PCR を行ったのですが全く増えません．どうしてでしょうか？	139
Q30		★★★	以前は PCR で増幅したのですが最近全く増えなくなりました．どうしてでしょうか？	142
Q31		★★★	PCR で増幅し電気泳動したのですが，スメアー状になり特異的に増幅がされませんでした．どうしてでしょうか？	145
Q32		★★★	PCR で増幅したのですが非特異的な増幅が多いです．どうしたらよいでしょうか？	149
Q33		★★★	DNA 合成酵素を他の種類に変えたところ，増えなくなることがあります．どうしてでしょうか？	153
Q34		★★★	PCR-RFLP 法では変異が検出できたのに，PCR-SSCP 法では検出できないことがありました．どうしてでしょうか？	156
Q35		★☆☆	PCR 産物をゲルから切り出して精製しているのですが，次の制限酵素反応やシークエンシング反応がうまく行かないことがあります．どうしてでしょうか？	158
Q36		★★★	充分量の PCR 産物を用いて蛍光シークエンシングを行ったのですが，パターンが出ません．どうしてでしょうか？	160
Q37		★★★	サイクルシークエンシングしたのだが，NNNNN の個所が頻繁に出てきます．どうしてでしょうか？	163
Q38		★★★	PCR-SSCP 法で変異を検出できた検体をサイクルシークエンシングしたところ，変異は検出できませんでした．どうしてでしょうか？	166

Case 3 ノーザンハイブリダイゼーションによる遺伝子発現の検出　169

- Q39　組織から全RNAを抽出したのですが，電気泳動の結果，壊れていました．どのステップが問題でしょうか？　173
- Q40　非放射性ハイブリダイゼーションを行ってRNAの特異的定量を試みましたが，定量領域が狭くうまくいきませんでした．どうしてでしょうか？　176
- Q41　ハイブリダイゼーションを行ったところ，斑ができて肝心なバンドが見えなくなってしまいました．どうしたらよいでしょうか？　178
- Q42　RT-PCRでは増幅するのですが，ノーザンブロット法では検出できません．どうしたらよいでしょうか？　181

Case 4 カラムクロマトグラフィーによるタンパク質の精製　184

- Q43　大腸菌で発現させた組換えタンパク質を精製したのですが，ほとんど取れていませんでした．どうしたらよいでしょうか？　188
- Q44　透析膜を用いた透析や濃縮の前後でタンパク質量を測定し回収率を出したのですが，回収率が80％を切ることがあります．タンパク質の性質によるのでしょうか？　190
- Q45　酵素タンパク質を硫安分画したところ，酵素活性が下がってしまいました．どうしてでしょうか？　192
- Q46　ゲル濾過クロマトグラフィーで精製を行ったところ，タンパク質の回収量がよくありません．どうしてでしょうか？　194
- Q47　ポリアクリルアミドゲル電気泳動で分離されたタンパク質を精製しようとイオン交換とゲル濾過クロマトグラフィーを試みましたが，分離ができません．どこに問題があるのでしょうか？　196
- Q48　タンパク質を定量したのですが，感度よく測定できませんでした．どうしたらよいでしょうか？　199
- Q49　アフィニティークロマトグラフィーで吸着効率が低いのですが，どうしてでしょうか？　203
- Q50　SDS-PAGEで精製したタンパク質の純度を評価したのですが，染色方法により結果が異なりました．どうしてでしょうか？　206

難易度

Case 5 イムノブロッティングによるタンパク質の特異的な検出　209

Q51	ハプテン抗原をキャリアータンパク質に結合させて免疫したのですが抗体ができませんでした．どうしたらよいでしょうか？	213
Q52	ポリクローナル抗体を作製しようとタンパク質抗原を免疫していますが，抗体値が上がりません．どうしてでしょうか？	217
Q53	保存中に抗体活性が下がっているような気がします．どうしたらよいでしょうか？	219
Q54	イムノブロッティングで，バックグラウンドが高くてバンドがハッキリ見えません，どうしたらよいでしょうか？	220
Q55	イムノブロッティングで検出効率が低いのですが，どうしたらよいでしょうか？	222
Q56	ウエスタンブロッティングした膜をもう一度別の抗体で反応させたところ，バックグラウンドが高く検出ができませんでした．どうしたらよいでしょうか？	223

実験技術

1	PCR法	226
2	PCR-RFLP法	227
3	PCR-SSCP法	228
4	Heteroduplex解析（HA）	230
5	キャピラリー電気泳動	234
6	シークエンシング（塩基配列決定法）	237
7	リアルタイムPCR法	240

索引　………………………………………………242

本書の構成

　本書は，実験を行っている学生・実験技術者の初心者を対象としています．トラブルシューティングの辞書ではなく，バイオ実験におけるトラブルをどのように考えて解決していったらよいかを示しています．

　実験初心者は，原理を理解し，操作の勘所を知り，集中力と観察眼をもって実験を行う努力をするでしょう．しかし実験には大なり小なりトラブルはつきものです．

　最初にバイオ実験トラブル解決の定石を示し，その後基礎的なバイオ実験のトラブル事例をあげて解決方法を考えます．実験内容は，初心者がよく行う実験を選択しました．ポストゲノム（塩基配列決定）時代を迎えた現在でも組換え実験，変異・多型解析，RNA解析，タンパク質精製・解析などは，バイオ実験の基本です．これらの内容のうち実際に起こったトラブルと，それをどのように考えて解決するかを事例にしました．また，トラブル解決に関連する基礎的な知識の説明も加えています．トラブル解決を考えることは，結果として実験原理の理解，実験の組み立て方や実験技術の上達に結びつきます（図 本書の構成）．

1 バイオ実験トラブル突破の方法とは何でしょうか？

　トラブルを解決するために必要な定石として，問題解決の着眼点を6項目示しています．（第1章，p.16〜31）

2 トラブルを起きにくくする方法とは何でしょうか？

　現実のトラブルに対処するとともに，トラブルが起こらないような実験系の組む際の着眼点を10項目示します．（第1章，p.32〜49）

3 トラブル解決Q&A Case

　この章が本書の主題です．実験初心者が始めに出会う基本的な実験事例について，上記の着眼点に基づきトラブル解決を行います．ポストゲノム時代の実験研究の中心は，情報から機能へ（DNA ≒ RNA ≒ タンパク質）と移ります．Case（実験事例）では，DNAからタンパク質まで下記の5項目の実験を選びました．この中にQ&Aが56問題潜んでいます．（第2章，p.52〜224）

本書の構成

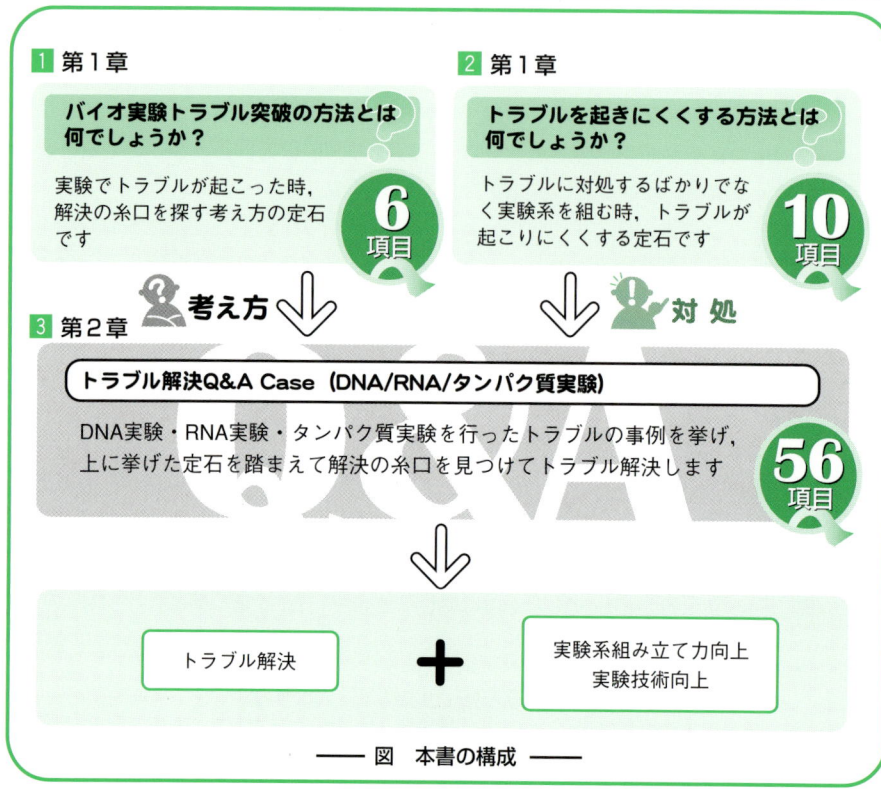

図　本書の構成

　しかし，実験初心者が始めに出会うバイオ実験は，遺伝子組換えやDNA解析が多いでしょう．このためDNA関連実験のQ&Aを多くしました．

- クローン化したDNAからサブクローンを取る(サブクローニング)：Q&A 19問題
- PCRによるDNA配列の変異解析とシークエンシング：Q&A　19問題
- ノーザンハイブリダイゼーションによる遺伝子発現の検出：Q&A　4問題
- カラムクロマトグラフィーによるタンパク質の精製：Q&A　8問題
- イムノブロッティングによるタンパク質の特異的な検出：Q&A　6問題

　Case概要では，はじめに実験全体の流れを掴むために，実験内容の背景 実験の流れ を示しました．

本書の構成

実験内容の背景：バイオ実験の中でのこの実験の位置付けや実験内容の関連事項・実験方法の歴史など

実験の流れ：実験全体の流れのフローチャートおよび実験の重点説明

Q＆Aでは，Caseの各実験で実際に起こったトラブル事例のデータに基づき，質問（Q）と回答（A）形式で具体的に解説します．

下記（**1**，**2**）に示した着眼点を踏まえ，どのようにして解決の糸口を見つけていくか（**考え方**），またトラブルに対処をするとともにトラブルが起こらないようにするにはどのように実験を行ったらよいか（**対処**）をまとめてみました．

本書の主題は実験方法の解説ではなくトラブルの解決方法です．そこで個々の実験の方法は，**無敵のバイオテクニカルシリーズ**

　　　　改訂　**遺伝子工学実験ノート　上，下**（羊土社，2001）　および
　　　　改訂　**タンパク質実験ノート　上，下**（羊土社，1999）

のページを ▶**プロトコール参照**▶ として記しました．

「無敵のバイオテクニカルシリーズ」は，すぐに実験をできるように必要な試薬の解説から実験のプロトコール，操作勘所などが丁寧に記されています．

記載されている実験の経験がない読者は是非とも参照してください．

さらに，読者の理解を促すために，文章中に出てくる実験の原著は **＜参考文献＞** として，また内容と間接的に関係する予備知識は **＜参考＞** として解説を加えました（次ページ，図Ｑ＆Ａの構成）．

4 実験技術

DNA解析で主に機器を用いた実験技術のうち，本文中に出てくる下記の技術についてまとめてページを割きました．これらの技術は，DNA解析で一般的に用いられているものです．

- ● PCR法
- ● PCR-RFLP法
- ● PCR-SSCP法
- ● Heteroduplex解析（HA）
- ● キャピラリー電気泳動
- ● シークエンシング（塩基配列決定法）
- ● リアルタイムPCR法

自分の実験でトラブルが起きた際には，本書に示されている着眼点を活用して解決してみてください．ここに取り上げた事例は，基本的な実験ばかりですが，高度なテクニックを要する実験や複数を組合わせた複雑な実験においても，基本的な着眼点は変わらないと思います．本書を活用することで，トラブル解決のみならず実験の組み立て方や技術の上達がみられると思われます．

本書の構成

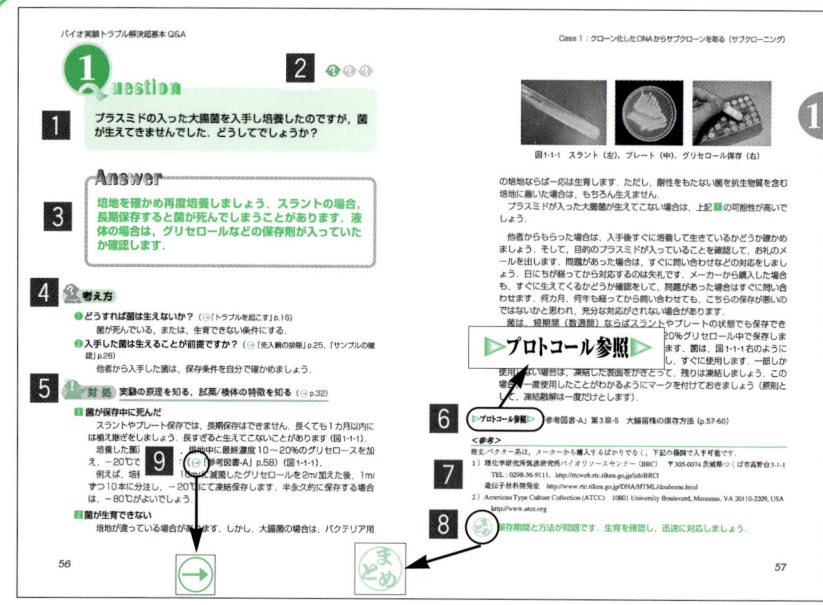

1. トラブルが具体的に記されています
2. 問題解決の難易度を示しました（1〜3段階）
   - ❓：基本操作の問題，通常の実習書に記載されている内容，実験経験者ならば自分で解決できる内容
   - ❓❓：よく起こる問題だが工夫が必要な内容，本書の定石が最も活用できる内容
   - ❓❓❓：まれに起こる問題，本書の定石プラス予備知識も必要な内容
3. トラブル解決の具体的な内容が記されています
4. トラブル解決を考える際の着眼点が記されています
5. 実際のトラブルが起きているデータを示し，トラブル解決の道筋とトラブルが起きにくくする方法を示しています．さらに，解決に必要な基礎的な実験原理や周辺の内容なども示しました
6. 羊土社「無敵のバイオテクニカルシリーズ」の参照ページを示しました
   - 参考図書-A：改訂 遺伝子工学実験ノート上
   - 参考図書-B：改訂 遺伝子工学実験ノート下
   - 参考図書-C：改訂 タンパク質実験ノート上
   - 参考図書-D：改訂 タンパク質実験ノート下
7. この項に直接関係しないが，背景として必要な事項を＜参考＞として示しました．また，＜参考文献＞として原著を示しました
8. この項のまとめです
9. 参照するページを示しました

――― 図 Q＆Aの構成 ―――

第1章

トラブル突破と
トラブルを起こりにくくする定石

本章では，実験でトラブルが起きた時，それを突破するための着眼点やトラブルを起こりにくくする定石を示します．定石を踏まえることで実験操作も洗練され，正確なデータを生む実験系を組めるようになるでしょう．

●● 本書と関連のある実験方法について ●●

本書はトラブル解決法の解説を目的としているため，個々の実験方法についての説明はしておりません．実験方法を知りたい方のために，「▷プロトコール参照▷」として参考図書を記載しております．参考図書についての詳細は「本書の構成」(p.14) をご覧ください．

バイオ実験トラブル解決超基本 Q&A

❶ バイオ実験トラブル突破の方法とは何でしょうか

> 実験中や実験後にトラブルが起きた時，その原因を掴んで進められるかどうかが，実験におけるRecovery能力です．実験が上手い人はRecovery能力に長けています．バイオ実験にかかわる人には，学生のように実験は全く始めて行う人，検査業務などルーチンに行われてきた実験を継続して行う人，新しい実験系を次々に立てていく研究者や研究技術者の人など，いろいろな人々がいます．実験Recovery能力を高めることで，誰もが実験を上手くなります．以下にあげる6つの考え方で実験トラブルを乗り切りましょう．

トラブルを起こす

トラブルが起こった時に，どうしたらこのトラブルを起こせるかを考えてみましょう．その中に原因を見つけられます．

　実験では，正しい操作をすることで，正確な結果が出せます．しかし実際には，試薬や器具の管理に不備があったり，勘違いなどで正しく実験を行っているつもりでも，トラブルは起こります．トラブルが起こった時に，積極的にこのトラブルを起こすにはどうしたらよいかと考えると，原因が掴めます．

　この際，簡単な実験でもいくつかの実験（操作）が合わさっていることを思い出し，複雑な実験では分節化して1つ1つの実験（操作）に分けて考えましょう．

　簡単な例を挙げて説明します．

例：制限酵素で切れない検体がある

　約700bpの断片を*Hind*Ⅲサイトにサブクローニングしたプラスミド A を大腸菌JM109に導入しコロニーを形成させ，コロニーからプラスミドを抽出後，制限酵素（*Hind*Ⅲ）処理したが，切れない検体があった（図1，表1）．なぜでしょうか？ 切れない検体は，再現性よく切れなかった．図1において，レーン1に対してレーン2は，インサートのバンドが検出され切れていることが

1. バイオ実験トラブル突破の方法とは何でしょうか？

表1　ミニプレップ調製プラスミドの制限酵素処理

番号	3 検体 名前	μl	4 制限酵素 名前	μl	5 RNaseA μl	2 10×緩衝液 μl	滅菌水 μl	1 T10E1 μl	酵素反応	6 B.J. μl
1	プレップ1	5	—		1	—	—	14	—	2
2	プレップ1	5	HindⅢ	1	1	2	11	—	2 hour	2
3	マーカーDNA	1	—		—	—	—	19	—	2
4	プレップ2	5	HindⅢ	1	1	2	11	—	2 hour	2
5	プレップ2	5	—		1	—	—	14	—	2

上列番号は，添加順序（1，2，3，4，5，6の順で添加する）．
B.J.＝Blue Juice＝0.1% BPB，50% Glycerol＝Loading solution，マーカーDNA＝λ HindⅢ

わかります．一方，レーン1，2に比べ，レーン4，5では制限酵素処理前後でプラスミドAのバンドが変わらないため，切れていないとわかります（→「②項」p.21）．

レーン2とレーン4は同じ反応条件なのですが，レーン4は消化されていないので，レーン4のプレップ2がなぜ消化されなかったのか検証します．

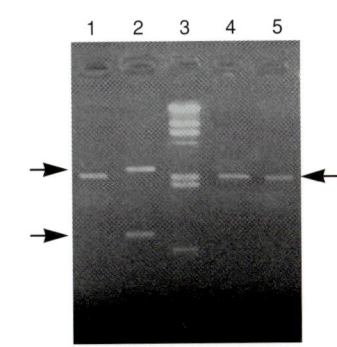

図1　制限酵素処理プラスミドの電気泳動
レーン1，2：プレップ1のプラスミド
レーン4，5：プレップ2のプラスミド
レーン2，4：制限酵素（HindⅢ）処理後
レーン1，5：制限酵素未処理
レーン3：マーカーDNA
電気泳動は，1%アガロースME，1×TAE緩衝液にて泳動

▶プロトコール参照▶　「参考図書-A」第5章-1-2　反応の実際（p.93-97）

「どのようにしたら制限酵素処理してもプラスミドDNAが切れないようにできるか」と考えてみましょう．

図1レーン4，5では制限酵素処理前後でプラスミドAのバンドが同様に検出されるので，プラスミドが分解してなくなってしまったわけではないようです．

制限酵素処理の各ステップを分節化して，どのようにすればトラブルが起きるかを考えます．この実験は，プラスミドAをHindⅢで消化し，インサートの確認をするものです．

トラブルを起こすには，

❶ プラスミドAには，元々 Hind Ⅲ サイトがない
❷ プラスミドAの Hind Ⅲ サイトがメチル化されていて消化できない
❸ 酵素が入っていない
❹ 酵素の至適条件以外で反応を行った
❺ 酵素反応時に酵素の阻害剤を加え，酵素反応が止まってしまった

などが考えられます．自分でサブクローニングしたのならば，メチル化を行ったかどうかはわかるでしょう．他の人からもらったものならば，サブクローニングの状況を確認します．

しかし，レーン2で切れているので，上記❶，❷は否定されます．
そこで実験の各ステップで考えてみましょう．

1 滅菌水11μlをチューブに加える（上列❶）

トラブルを起こすには

滅菌水にEDTAなどの制限酵素阻害剤を含ませる．
（EDTAを含む緩衝液と滅菌水との取り違える）
・同じ滅菌水でレーン2では切れているので，問題なく使えている
　⇨ OK

2 10X緩衝液2μlをチューブに加える（上列❷）

トラブルを起こすには

イオン強度が異なる緩衝液を使用する．
・ラベルを確認し，さらに同じ緩衝液でレーン2では切れているので，問題なく使えている
　⇨ OK

3 プラスミド溶液5μlをチューブに加える（上列❸）

トラブルを起こすには

抽出精製が不備なプラスミド溶液を用いる．
（DNA抽出で用いたフェノールやエタノールがプラスミド溶液に混入した．抽出が不充分で，DNAに結合したタンパク質が取れきれてない）
・レーン3，4のプラスミドのみ再抽出の必要があるかもしれない
・フェノール抽出後CIA抽出しエタノール沈殿する

1. バイオ実験トラブル突破の方法とは何でしょうか？

⇨ 問題あり

4 制限酵素1μlをチューブに加える（上列❹）

トラブルを起こすには

失活した制限酵素を用いる．異なる制限酵素を用いる．
制限酵素を大量に加え，グリセロール濃度を高くした．
・有効期限が切れていた　→　問題なしと確認
・冷凍庫が故障した　→　問題なしと確認
・室温に放置されていた　→　冷凍庫から直接氷中に移したので無関係
・スター活性のバンドは確認できないため，グリセロール濃度は問題ない．
いずれもレーン2が切れているので問題ない．
　⇨ OK

5 37℃インキュベータ（水浴）でインキュベートする（→「Q3」p.61）

トラブルを起こすには

インキュベータを止めてしまう．
・電気が停まった→停電がないと確認
温度表示と実際の温度を合わなくする．
・温度表示と実際の温度が異なっている→温度計で実測して確認
全く消化されないのは説明できない．いずれもレーン2が切れているので問題ない．
　⇨ OK

6 ローディング溶液2μlを加える（上列番号6）

7 アガロースゲルに全量（22μl）を添加する

8 電気泳動を行う

9 写真撮影を行う

　上記 **6**〜**9** に問題があれば，マーカーのDNAバンドやプラスミドのバンド自体が見えないはずです．
　いずれも全てのレーンにバンドが見えるため問題ない．
　⇨ OK
　上記では，実験の各ステップのチェックで「どのようにすれば，制限酵素で

トラブル突破とトラブルを起こりにくくする定石

19

表2 再精製プラスミド（プレップ2）の制限酵素処理

番号	3 検体 名前	3 検体 µl	4 制限酵素 名前	4 制限酵素 µl	5 RNaseA µl	2 10×緩衝液 µl	滅菌水 µl	1 T10E1 µl	酵素反応	6 B.J. µl
1	マーカーDNA	1	—		—	—	—	19	—	2
2	プレップ2再精製	5	HindⅢ	1	1	2	11	—	2hour	2
3	プレップ2再精製	5	—		1	—	—	14	—	2

上列番号は，添加順序（1，2，3，4，5，6の順で添加する）．
B.J.＝Blue Juice＝0.1% BPB，50% Glycerol＝Loading solution，マーカーDNA＝λ HindⅢ

切れない状況をつくれるか」と考えた結果です．

　結局，レーン3，4の抽出プラスミド（プレップ2）自体に問題がある可能性がでてきました．問題点が明確になっていますから，どのように確認したらよいかがおのずと出てきます．この場合は，再度フェノール抽出，さらに念のためCIA抽出しエタノール沈殿することで解決できました（図2レーン2，3，表2）．

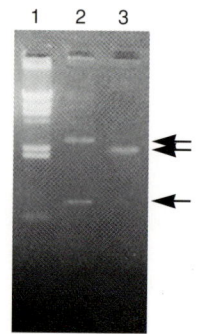

図2　再抽出後のプラスミドDNA
レーン1：マーカーDNA
レーン2：制限酵素（HindⅢ）処理後
レーン3：制限酵素未処理

　「どうしたら積極的にトラブルを起こせるか」と考えるのは性格が悪いですが，問題点がハッキリ見えてきます．

　日常生活で，例えば懐中電灯が点灯しなかったら，点灯させないためにはどうするか？と考えるでしょう．電池がない，電球が切れた，線が切れた と点灯させない理由を考えるのと同じです．

　ここでは，制限酵素処理という単純な実験を例にあげましたが，複雑な実験でも工程をステップ化すなわち分節化すれば，問題は見つけやすいでしょう．

▶プロトコール参照▶「参考図書-A」第7章-2-4　DNAの検出（p.148-150）

② コントロールを探す

実験の中でどの系がコントロールになるか見きわめましょう．また，必要に応じコントロール実験を再実験しましょう．

バイオ実験は，最終的に目で見えない物（分子）の変化を見えるようにすること，すなわちミクロな生体内の物質を分析し生命現象を調べる実験です．**バイオ実験では，他の実験結果との比較により物を見ます**．そこで，必ずコントロール（比較対照物もしくは比較対照現象）があります．実験系を立てる時，実験結果から何かを調べようとするわけですから，トラブル解明を前提に実験系を組みません．しかし，気がついたらコントロールがない実験系を行ってしまうこともあります．実験には高価な試薬や貴重な検体を用いています．コントロールがない場合でも，闇雲に実験をやり直すのではなく，今あるデータの中からコントロールになるものを探しながら検証しましょう．コントロールがない実験でも，どこかの系や他の実験をコントロールとしてデータを評価してみましょう．

①のプラスミドの制限酵素処理のトラブルの場合，レーン2が切れているのでほとんどの問題は否定できました．結果として，レーン1，2の検体がコントロールになりました（実は図1には，必ず制限酵素で切れるコントロールがありません）．

例1：異なった電気泳動データの比較

図3のA，Bのデータは，ミニプレップしたプラスミドの電気泳動パターンです．異なる時期に行った実験ですが，ゲノムDNAが混入している検体やニックが入っているプラスミドもあり，電気泳動の時間も異なっている汚いデータです．これら2つのデータからも塩基対マーカーを共通のコントロールとして見てみることで，図3Aのレーン1と図3Bのレーン3には，同じサイズのインサートが入っていることがわかります．本来は，一緒に電気泳動すべきですが，異なるデータからでも推定は可能です．その後，2つの検体を同時に電気泳動し比較して確かめます．実験が不備な場合も，今あるデータである程度めやすを付けてから次のステップに進むために，コントロールを捜す意識が大切です．

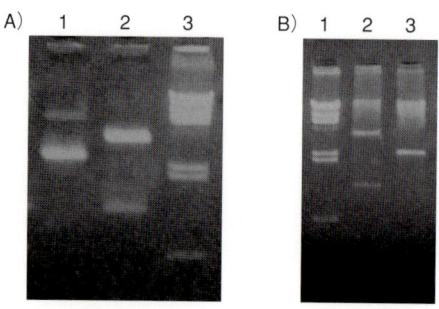

図3 ミニプレップ調製プラスミドの評価
A) レーン1：プラスミドA，レーン2：プラスミドA（*Hind* Ⅲ処理後），レーン3：マーカーDNA（λ *Hind* Ⅲ）
B) レーン1：マーカーDNA（λ *Hind* Ⅲ），レーン2：プラスミドB（*Hind* Ⅲ処理後），レーン3：プラスミドB

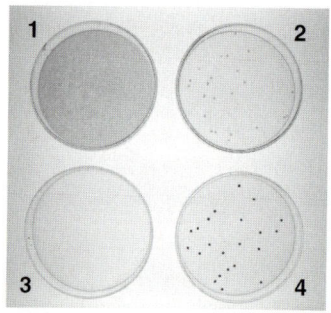

プレート番号	コンピテント細胞	pUC19	amp	IPTG+X-gal
1	+	−	−	−
2	+	+	+	−
3	+	−	+	−
4	+	+	+	+

図4 pUC19プラスミドによる大腸菌の形質転換

例2：プラスミドによる形質転換

　学生実習などで始めに行う形質転換実験です．図4はpUC19プラスミドを大腸菌JM109コンピテント細胞に導入した結果です．4つのプレートは，お互いにコントロールになっています．

1 コンピテント細胞は，耐性菌ではない（プレート1と3）

　プレート3には抗生物質が含まれており，プレート1には含まれていません．プレート1のみで生えていますから，コンピテント細胞は耐性菌ではありません．お互いのプレートがコントロールになっています．

2 pUC19プラスミドの導入で耐性菌になった（プレート2と3）

　アンピシリンを含む培地でpUC19を導入していない大腸菌は生えない（プレート3）が，pUC19を導入した大腸菌は，アンピシリン耐性を獲得し生える（プレート2）．プレート3がコントロールです．

3 IPTGによりラクターゼが発現した（プレート2と4）

　IPTGの影響を見る場合は，プレート2をコントロールとし，IPTGを含むプレート4を比較します．プレート4では青いコロニーが検出されているので，ラクターゼが発現したことがわかります．

　さらに，プレート2，4をお互いに比較し，植菌と培養のバラツキも推定できます．IPTG，X-galは菌の生育には影響しないはずですからプレート2，4は同じ実験を2回行ったことになります．植菌と培養のバラツキがみれます．

　また，プレート1とプレート2，4を比較すれば，プレート1に生えている多くの菌のうち，ある確率で形質転換が起こった状況も見ることが出来ます．たった4枚のプレートですが，お互いを比較して（お互いをコントロールとして）いろいろな状況が見てとれます．

▶プロトコール参照▶　「参考図書-A」第4章-1-5　形質転換（トランスフォーメーション）(p.76-82)

例3：酵素反応

　吸光度による酵素活性の測定でも，酵素を加えた系と酵素の代わりに緩衝液を加えた系（正確には失活した酵素がよい．ブランク）を比較して測定します．酵素を加えた系とブランクのO.D.の差が活性です（基質が非特異的に吸光度をもつこともあります）．

例4：キットを用いる時

　キットに添付されているPositive control（必ずうまくいくもの），

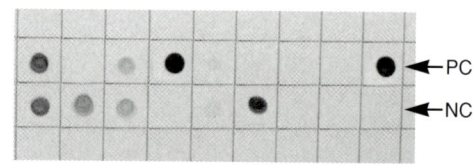

図5　キットのPositive controlとNegative controlとの比較
　　ドットハイブリダイゼーションによる特異的なDNAの検出を行っている．この際に，Positive control（PC，陽性コントロール）とNegative control（NC，陰性コントロール）を置くことにより，アッセイ系に問題がないことを確認して実験している

　Negative control（必ずうまくいかないもの）の実験を自分の検体の他に行います（図5）．自分の実験で，キット自体がチャンと機能していることを確認しながら実施します．データがうまく出ない時に，自分の検体の問題なのか，キットの使い方の問題なのか，キット自体に問題があるのか区別できるような系を組みます．コントロール実験がなければ，問題が起こった時にキットのメーカーに問い合わせをしたり，クレームをつけられません．

例5：試薬を購入した時

　トリスやNaOHなどの汎用試薬は，JIS特級などをクリアしていれば，いちいち検定の必要はないと思います．しかし，酵素試薬などはなるべく同一ロットで一定量確保した方がよいでしょう．大量購入した場合は，今まで使用した試薬をコントロールとして実験を行い比較します．問題がある時には，すぐにメーカーに問合せをすべきですが，比較データがあれば話が容易に進みます．

例6：過去に実験したサンプルとの比較

　過去のサンプルがコントロールとなります．
　精製した酵素や変異があるDNAなどは，次回の実験のコントロールとなります．変異や多型解析の際に用いるコントロールなどは，確保しておく必要があるでしょう．
　また，クロマトグラフィーにてタンパク質を精製した際に，目的タンパク質のピーク近傍のフラクションもすぐには捨てないで，一連の実験が終わるまで取っておきましょう．

プロトコールに忠実か
プロトコールを自分で変えていないか考えましょう．

　実験プロトコールは，先人が考えた末に決められた内容です．無意識にプロトコールを変えていないか考えましょう．プロトコールを変える場合は，以前のプロトコールの実験をコントロールとして新しいプロトコールを実験します．または，原理的に不要なステップがある場合や経験的に変えた方がよい場合だけ簡略化します．この場合も，トラブルが起きた際には，前のプロトコールとの比較実験を行います．

> 例1：遠心分離のrpmを，遠心機の機種が変わっていても同じで行っていませんか？（同じrpmでも遠心力"g"が異なることがあります）

> 例2：形質転換でのチューブは指定以外のチューブを使っていませんか？（チューブの形状により転換効率が異なることがあります）

> 例3：PCRのチューブや機器を指定以外のもので行っていませんか？（機種やチューブにより熱伝導度は異なり，違う結果になることがあります）

　特に実験に慣れている人は，無意識にプロトコールを変えていませんか？
　毎回同じプロトコールで実験しないと以前のデータとの比較もできなくなり，実験データの見方が狭くなってしまいます．
　また，過去のデータと結果を比較する場合は，双方のプロトコールを比べ，実験条件の違いを明確にしてから，結果であるデータを比較しなければ意味がありません．

 ### 先入観の排除
実験データを先入観に惑わされないよう見ましょう．

　自分で行った実験結果自体や観察結果を重視しましょう．また，原理を理

解しながら行うことは必須です．**先入観（勘違い）**からもともと実験系自体が成立していないこともあります．

> **例1**：ボトルの形状や大きさが似ていたために，違う試薬を加えていた

> **例2**：プロトコールの書式が似ていたために異なる条件で実験してしまった

> **例3**：論文の条件にしたがってPCRを行ったが増幅できない．自分の実験が未熟と思い，アニーリングの条件検討を始めた（論文には大切な条件があいまいになっている場合もあります）

> **例4**：上長の実験者から指示されたプロトコールでタンパク質の精製を行ったが，上手く精製できない（プロトコールに誤りや注意書きが抜けているかもしれない）

聞くと馬鹿馬鹿しく思うようなことでも，はまってしまうことがあります．自分のデータには自信をもちましょう．そして，**自分の目で確認した部分と，人から聞いたこと，論文や書物に出ていたことを区別できるように頭を整理しましょう**．自分が出したデータなのだから，実験は完璧で前提が違っているくらいに思うことも必要です．

 ## サンプルの確認

使用するDNA，RNA，タンパク質などのマテリアル・検体の純度や性質を確認しましょう．

今日では，よい自動化機器やキット化された試薬が多く市販されており，実験は簡便かつ容易になってきました．しかし結局DNA，RNA，タンパク質を必要な純度で精製できるかが実験では重要である場合が多いものです．実験プロセスが問題ないような場合はサンプル自体を疑いましょう．

必要な純度のDNAやRNA，タンパク質を得ることが基本です．

例1：RNAは，RNA分解酵素（RNase）により簡単に分解され取り扱いが難しい物質です．しかもRNaseは，タンパク質化学的に安定で熱処理でも完全には失活しません．このため，cDNAとしてDNAに変えて扱うことも多いです．しかし，cDNAの原料となるRNAは壊れていては，充分な実験はできません．RNAは不安定であるために保存（－80℃，エタノール中保存するなど）にも注意が必要です

例2：DNAをPCRで増幅し変異解析をするためには，多少壊れていてもPCRの増幅断片サイズを小さくすることにより使用できます．パラフィン包埋切片など，病理で用いた検体からのDNAでも分析できることもあります

例3：ノーザンブロッティングで用いるRNAは全RNAでも大丈夫ですが，壊れて断片化していてはシャープなバンドとして検出できません

例4：酵素を抽出する組織は，その酵素が多量に含まれているものを用い，安定した酵素を大量に抽出し実験に用います

　このように，実験に用いる物質の性質を考え，目的に合った純度のものを適切な保存条件で用いているか確認します．

 撹拌，混合

意外な落とし穴が撹拌，混合です．

極論するとバイオ実験は，何かと何かを混ぜる操作です．

例1：保存しておいたコンピテント細胞を，溶かしてそのまま使用した．撹拌が不充分でボトル内で濃度の濃淡があり，形質転換効率が悪い場合があった

例2：多数検体のアッセイを行っていたところ，基質が足りなくなったので新たに調製して途中から使用したらデータがばらついた．事前に混ぜて1ロットとして使用すべきだった

> 例3：4％アガロースゲルを調製し，EtBrを加えて電気泳動を行おうとした．粘性が高い4％ゲルのためEtBrがよく混ざっておらず，バンドが綺麗に検出できなかった

> 例4：凍結していたELISAアッセイ緩衝液（安定化剤として5％のBSAが入っていた）を溶かして直ちに使用した．解凍後の撹拌が不充分でボトル内の濃度に差があった（溶液になっていなかった）

　酵素反応は，緩衝液と基質と酵素を混ぜる実験です．バクテリアの培養は，バクテリアと培地を混ぜるのです．また，フェノール抽出においてもフェノールと水溶液を混ぜるのです．2つのものを合わせて均一にすること（溶液もしくは懸濁液とする）が混ぜるということです．

　混ぜるとは，加えた後に撹拌すること（「混ぜる＝加える＋撹拌する」）です．

❶ 液体と液体を混ぜる
❷ 固体と液体を混ぜる（溶かす場合と懸濁する場合）
❸ 2つの溶液を混ぜて1ロットにする

　液体と液体，固体と液体を加えた後，撹拌するにはどんな方法があるのでしょうか．

いろいろな撹拌方法

1. エッペンドルフチューブ中でマイクロピペットでピペッティングして撹拌する（マイクロアッセイ）（図6）
2. エッペンドルフチューブ中で指で弾きながら撹拌する（図7）
3. チューブをボルテックスミキサーにかけて混ぜる（難溶性や懸濁）（図8）
4. スターラーバーとスターラーで混ぜる．緩衝溶液の調製などでは激しく混ぜてもよいが，タンパク質の溶解ではゆっくりスターラーを回し温和に混合する（図9）
5. 転倒混和で混ぜる．チューブを逆さまにしたり戻したりで穏やかに混ぜる（ゲノムDNAの抽出など壊れやすいものの場合に用いる）（図10）
6. 上下に激しく撹拌して混ぜる（プラスミド抽出のフェノール抽出など）（図11）

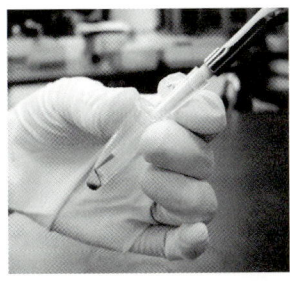 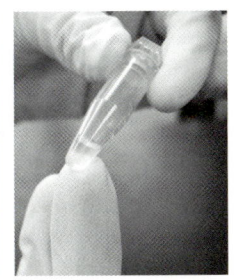 

図6　ピペッティングによる撹拌　　図7　指で弾いての撹拌　　図8　ボルテックスミキサーでの撹拌

 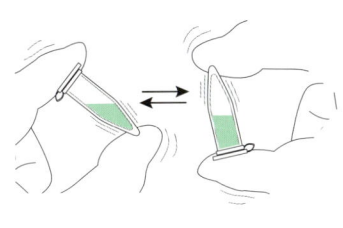 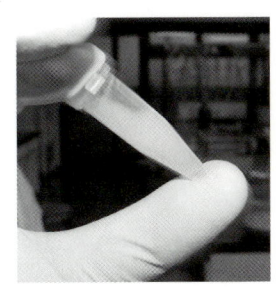

図9　スターラーでの撹拌　　図10　転倒混和での撹拌　　図11　激しく撹拌

練習　エッペンドルフチューブで色素溶液を混ぜて撹拌してみましょう

　水15μlに0.1%BPB（ブロモフェノールブルー）溶液（含：50%グリセロール）5μlを加え（混ぜ），ピペッティングならびに指で弾いて撹拌する練習をします．

　混ぜる際にチューブの壁に溶液が泡立たないように，また，散乱して壁に付かないように行います（図12）．

　散乱した場合は，チビタン（小型遠心器）にて1秒間遠心し，混合溶液をチューブの底に集めます（図13）．

　さらに，水15μlを10%BSAや血清に置き換えて行うと粘性が高くなり，泡が立ちやすくなるため撹拌が難しくなります．

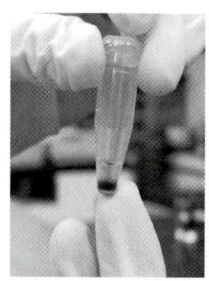
図12　指で撹拌

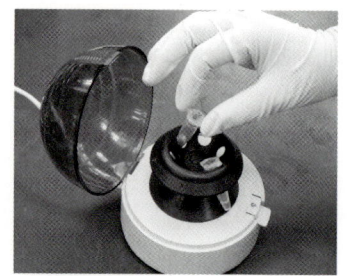
図13　チビタンで底に集める

マイクロアッセイでの混ぜる定石

❶ 水や緩衝液など量の多いものから加え
❷ 貴重な検体や高価な試薬は後回しとし
❸ 反応開始物（酵素や基質）を最後に加えます

　これは，緩衝液などを先に加え検体や反応を安定に進ませる意味と，入れ間違いなど失敗した時に貴重な検体はなるべく後に入れて損害を少なくする，という2つの意味があります．

　遺伝子実験の場合などは，検体のDNA/RNAが臨床検体から抽出した貴重なものであったり，酵素が高価なものであったりするからです．

試薬の仕込み順番の例：

1. 制限酵素反応：滅菌水，10×緩衝液，検体DNA，制限酵素，という順番
2. PCR反応：滅菌水，10×緩衝液，プライマー，検体DNA，酵素，という順番

　もっとも，PCR反応の場合は，プレミックス溶液（酵素，緩衝液，プライマーなどをあらかじめ混合した溶液．ピペットでの添加回数を減らせます）をあらかじめ作成しておく場合も多いのですが，複雑な反応の場合は，プロトコールに試薬を加える順番を示します．

　上記の内容を読んでみると，「そんなことはチャンとやっているよ！」と思うかもしれませんが，多くの実験を平行して実施したり，実験中にディスカッションしている間におろそかになってしまうことがあります．

このように実験では，物（物事）を冷静に見る観察力と実験する際の集中力が必要です．ここにあげた6項目を気にしながらデータを見れば，トラブルから回復できるでしょう．

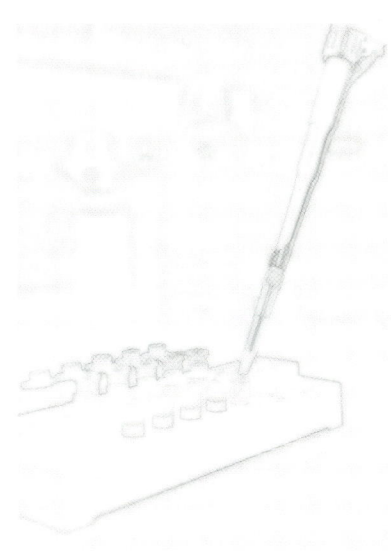

❷ トラブルを起こりにくくする方法は何でしょうか

　次に，トラブルが起こりにくい実験系を立てる方法を考えてみましょう．実験系は，何らかの結果をみるために立てます．トラブルを回避するために立てるわけではありません．しかし，実験を組み立てる際には，トラブルが起こった時に解決できるような道標をおいておきます．この道標は，実験結果を判定する材料にもなります．道標を立てるために，初心者は実験の原理や方法を自然と熟知することになります．バイオ実験は，費用もかかります．結果として試薬や時間の節約になります．一方，実験は競争ですから，短時間で結果に結び付けることは大切です．結局，トラブルが起きにくい実験系を立てることで実験計画能力が向上し，実験を効率よく行えます．

実験の原理を知る，試薬/検体の特徴を知る

実験の原理や方法の長所短所を知り，個々の試薬を使用する意味を知ることです．

　実験の原理や限界を知りましょう．
　限界を超えた実験を行っていませんか．特にキットを用いる場合は，そのキットの使用範囲や限界が記載されています．指定以外の条件で行った場合はどういう結果になるかわかりませんが，キットの原理を理解していれば，トラブルは回避できるはずです．
　以下に，よくある事例を挙げてみます．

例1：他の実験者からもらったサンプルは，その由来や調製方法の情報を入手する

　本来はあってはならないことですが，その人が忙しかったなどで誤ったサンプルに関するデータや情報が足りないことがあるかもしれません．プラスミドやクローンをもらった時にメチル化されているのかどうか．PCR産物を入手した時に精製されているのかどうかなど，必要な情報が得られているか自分で確かめましょう．

例2：方法の原理を知る

プラスミド精製を例に挙げれば，
- 菌の採集〜菌体内にプラスミドがあるのだから，遠心後の上清（培地）が入らないようにする
- 細胞壁の破壊〜リゾチーム処理溶液は，酵素であるリゾチームを用いるため，熱で失活しないように直前に調製する
- 細胞膜の破壊〜アルカリ処理したらプラスミドDNAは一本鎖になってしまうため，しっかりと中和しなければならない
- RNAの除去〜RNase処理するが，DNaseが混入しているとDNAも壊れてしまうため，しっかりとDNaseを失活させてから使用する
- フェノール抽出〜DNAに結合しているタンパク質が残っていると，制限酵素反応が進まない

など実験の原理と操作の意味を知ることは，操作自体に自信がつきトラブル防止に繋がります（p.44［⑭］「精」と「粗」の問題とも関係します）．

例3：方法の限界を知る

DNAの非特異的な検出方法には，エチジウムブロマイド（EtBr）染色，SYBR Green染色，銀染色（図14）など感度が異なる方法があります．同様に，プロテインアッセイでも色素結合法，紫外部吸収法，BCA法などがあり

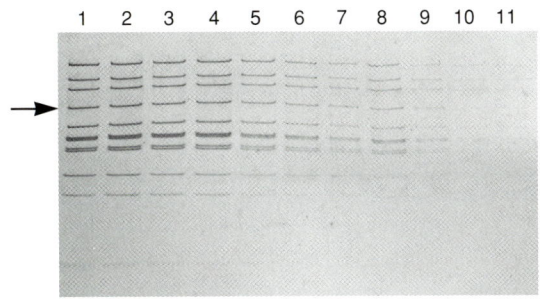

図14　銀染色での最少検出感度の測定
　　　　左から×1，×2，×4，×8，×16，×32，×64，×128，×256，×512，×1,024．
　　　　例：高分子側から4番目のDNAバンド（495bp）×1 = 2.5ng．
　　　　最少検出感度は，9レーン目（×256）のバンド，すなわち約10pgであることがわかる

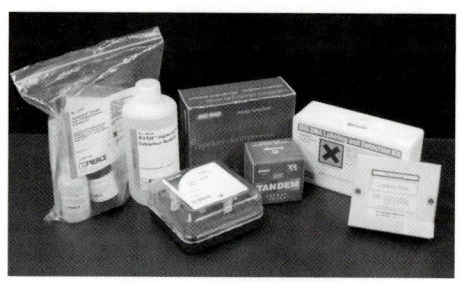

図15 さまざまなキット

ますが,最少検出感度は方法により異なります.
　1コピーのゲノムDNAやRNAのハイブリダイゼーションによる分析では,RI法もしくは化学発光法により最小検出感度が異なります.
　このように,実験方法にはそれぞれ限界があります.

例4：キットの使用

　キットの説明書には誰でもできそうに書いてありますが,その実験系を自分で組んで行える人が省力化するためにキットを使うと考えた方がよいです.上手くいかなくてメーカーにクレームをつけても,データが出なくて困るのは自分自身です.個々のステップの意味やポイントを自分でも考えましょう.
　ラボの先輩ですぐに注意すべきポイントを指摘してくれる人がいますが,その人は,キットがなくても自分で実験系を組める人です.だからポイントがわかるのです.
　また,問題が起きた際にもポイントを知った上で発売元（販売元ではなく）にクレームをつければ,有効な回答が得られるはずです（図15）.

●よくあるキット使用の際の勘違い
- キットの範囲外の仕様で行おうとする.例えば,培養細胞抽出用キットを血液からの抽出に用いた,有効期限が切れているキットを用いた,など
- 使用する液量を仕様通りにしていない.例えば,多数検体処理しようと溶液を希釈して用いた,など
- 使用するチューブを仕様通りにしていない.例えば,指定以外のいつも使用しているチューブを用いた,など

・自分の検体のみで実験した．例えば，キットに含まれていたPositive controlやNegative controlを使わなかった，など

いずれの場合も基本的には，取り扱い説明書を熟読していないこと，さらには実験原理を理解していないことに端を発しています．

仕様通りの実験を行ったのか，どの部分は自己流で行ったのかなどをキッチリ把握しないと，キットに問題があるのか，自分の検体に問題があるのかがわからないため，クレームもつけにくくなります．

 コントロールの設定

コントロールが置かれた実験系を組むことです．

「①バイオ実験トラブル突破の方法とは何でしょうか？」でも強調してありますが，実験には，必ず結果が出るPositive control（陽性コントロール）と必ず結果が出ないNegative control（陰性コントロール）をおきます．**定性実験，定量実験にかかわらずコントロールは存在します．**

例1：プロテインアッセイ・酵素反応実験

プロテインアッセイなどの定量実験では，標準曲線やブランク[注1]がPositive／Negative controlに相当します（図16）．

酵素反応のブランクの中には，基質だけで自然に発色し，吸光度が測定される場合もあります．

プロテインアッセイにおいては，測定するタンパク質が溶けている溶液内に妨害物質が存在する場合，その影響でもともとの吸光度（ブランク）が高い場合もあります．

例2：PCR実験

テンプレートの問題なのか，実験系の問題なのかをいつもわかるようにする

注1：酵素反応では，酵素を加えない実験（厳密には不活性化した酵素を加える）であるNegative controlと比較します．標準曲線がPositive controlとなります．

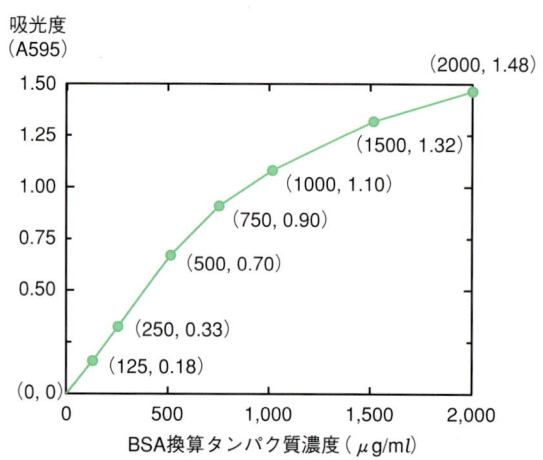

図16　プロテインアッセイの標準曲線
標準タンパク質（BSA）を希釈して描いた標準曲線です．希釈緩衝液ならびにブランクとして，検体タンパク質が溶解している緩衝液を用いて実験すると，誤差が少なくてよいです．このデータでは，検体タンパク質溶液のA595の値が0.5の時，タンパク質濃度は，400μg/mlとなります

ために，過去に増幅したテンプレートをコントロールとして増幅させる．
　常に行う必要はありませんが，酵素を加えない系，テンプレートを加えない系などを試みます．これにより，プライマーダイマーの存在や緩衝液のコンタミを調べられます．例えば，管理が悪い実験室では，PCR産物が試薬にコンタミしていつも増幅されてしまうことがあります（ゲノムDNAでの変異の有無を見る場合やウイルスの有無を見る場合は，大変な問題となります）．

例3：キットの場合

　キット自体が正常に作用するのかどうかを判断するために，コントロール実験が必要です．どのメーカーもキチンと対応してくれるとは思いますが，問題が起きた時でもこちらがコントロールされたデータを見せればよりきっちり対応してくれます．
　このように，実験で調べたいことは何か．それに対応するコントロール実験は何かをいつも考えるようにします．コントロール実験が上手に組める人だけが，実験から真実に近づける人です．コントロール実験を置いて管理されたデ

ータから導きだされた結論でなければ意味がありません．

⑨ 実験の重複
同じ実験を重複したり，原理の異なる方法で実験をしましょう．

　出てきたデータの信憑性は，トラブル解消の基本です．何が真実かわからなければ，トラブルが起きているかどうかもわかりません．
　実験数を増やす，原理の異なる方法で行う，これでデータの信憑性が高まります．

例1：定量実験ではN=2以上で行う

　EIAや酵素反応実験では，N＝2以上で重複して実験します．また，重要なデータは複数の人で測定し，測定者間の再現性も確かめる必要があります．

例2：原理が異なる方法で実験して確かめる

　ゲノムDNAでの変異や多型を調べる場合にSSCP法やHeteroduplex法などでスクリーニングし，シークエンシングで塩基配列の変化を確認します．結果として，2種類以上の方法で調べています．
　実験には，常に限界があります．重要なデータや本当に知りたいデータは，原理の異なる複数の方法で重複させて実験することが必要です．

例3：コントロール実験は，各実験ごとに重複させる

　アガロースゲル電気泳動では，ゲルごとにマーカーを置きます．同時に作製したゲルでも固まり方に違いがでます．同一の泳動でもゲルごとにマーカーを流すことは必須です．一方，酵素活性の測定やプロテインアッセイなどの定量実験では，アッセイごとに標準曲線を置きます．分光光度計による誤差，放置時間による誤差などがいつも付いて回ります．

> 例4：シークエンシングは，左右から行い確かめる（例1と2を合わせたようなもの）

　サイクルシークエンス，通常のシークエンシングに限らず，特に確認したい配列については，左右からシークエンスして重複したデータを出すようにします．

⑩ プロトコールの作製

実験プロトコールを必ず作製しましょう．また，複雑な系は，分節化して作製しましょう．

　実験系が確立されたら，プロトコールならびに書き込み用紙を作製します[注2]（図17）．

　用紙には，実施した時間や必要な試薬のロットも書き込みます．

　しかし，あまり詳しすぎると形骸化し意味をもたなくなります．試薬もトリスやEDTAなど，JIS規格試薬特級であれば問題ないものは，記載する必要はありません．しかし，例えばPCRの耐熱性酵素や緩衝液のMg^{2+}濃度など実験結果を直接左右する項目は，書き込めるようにします．

　また，サンプルの管理を徹底するために，実験番号とサンプル番号で管理します．頭の整理ができている実験者は，実験台の上も整理されているし，実験ノートも管理されてくるでしょう．

　初めて行う実験のプロトコールを見る際には，原著を確認しておくことも必要でしょう．原著があり，簡略化して個々の研究室で使いやすいように変えたものがプロトコールです．原著は，Molecular Cloning[1] を修正した場合もあるでしょうし，研究室の先輩が論文に書いているものかもしれません．いずれにしても，トラブルを起こした時には簡略化に無理がある場合もあるので，原著も見ておく必要があります．

注2：プロトコールとは，実験の方法を記述したもの．書き込み用紙とは，プロトコールの個々の条件を記述した用紙．

2. トラブルを起こりにくくする方法は何でしょうか？

DNA増幅（PCR法）

Exp. No:　　　　Date:

番号	5 検体（鋳型DNA）		4 プライマー1		プライマー2		2 10x緩衝液	3 dNTP	滅菌水	6 酵素	容量	備考
	名前	μl	名前	μl	名前	μl	μl	μl	μl	μl	μl	
1												
2												
3												
4												
5												
6												
7												
8												
9												
10												

dNTP濃度：　　　Lot No.：　　　　　　　　コメント：
酵素：　　　　　Lot No.：

写真
電気泳動条件：
泳動装置：Mupid　泳動緩衝液：0.5×TAE　　　ゲル：　　％　Nusieve 3：1 agarose
泳動時間：

図17　プロトコールの書き込み用紙事例（注3）
　　　PCR実験の試薬の仕込みと検定に用いる書き込み用紙です．試薬を加える順番も記載し，常に同じ操作で実施できるようにしています．実験結果に重要と思われる耐熱性酵素の種類やロットの記載欄を設け，電気泳動の結果も貼り付けられるようになっています

注3：PCRでは，試薬仕込みも誤りを防ぐために，テンプレートDNAとプライマー以外の緩衝液，dNTPや酵素などをあらかじめ混合しておき，プレミックス溶液として使用することも一般に行われています．

⑪ 機器のブラックボックス
実験機器などのブラックボックスで何が起こっているかを知りましょう．

　実験で見逃しやすいところは，実験原理や構造がブラックボックス化されている機器です．実験のしくみを知らなくても操作でき，結果を出せてしまいます．このため，機器が管理されていないと思わぬミスを引き起こします．

> **例1：PCR機器を複数用いている場合は，どの機器を用いたのかノートに書く**

　プログラムインキュベータの機種による違いや，管理の問題などがある．

> **例2：分光光度計の測定で希釈系列を調製する際には，無意識に薄い方から調製するようになる**

　自動化機器では薄い方から調製するプログラムにしなければなりません．その場合は，分注機器でのチップの交換や洗いはどのように行っているか確認しましょう．洗いが不充分のため，濃い溶液が充分に洗浄されていないチップで分注されているかもしれません．

> **例4：いつも動いている機器ならば問題ないが，しばらく動いていない機器の場合は，必ずプレランを行ってから自分のサンプルを乗せる**

　しばらく使用していないHPLCならば，プレラン後，最初にマーカーを流してみましょう．遠心機ならば，数時間回してみて温度の変化などを確かめてから使いましょう．

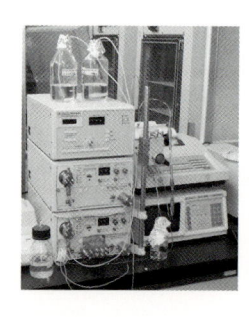

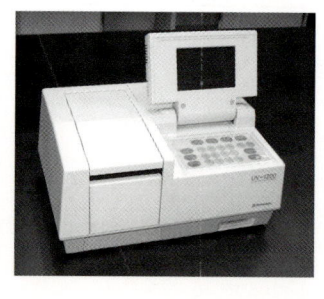

図18
HPLC（左）と分光光度計（右）

> 例5：インキュベータは，デジタル表示を確認する意味でも必ず温度計で温度を確かめる

疑心暗鬼になってはいけませんが，機器のチェックとメンテナンスはしっかり行いましょう（図18）．また，機器の原理を必ず理解しておきましょう．

⑫ Cold Run

Cold Runで実験の段取りを行いましょう．

"Cold Run"の語源は，放射性同位元素を用いた"Hot"の実験を行う際に，危険防止のためにあらかじめ放射性同位元素を使わないで実験操作を行い，シミュレーションすることからきています．つまり，実験操作の練習です．慣れた実験者は，すべての実験をあらかじめ頭の中でシミュレーションしてから行っています．そこで，実験初心者の人も，たとえ簡単な実験の場合でも，頭の中でシミュレートするようにこころがけましょう．試験管内部のイメージをつくることで，実験の段取りがよくわかります．

例えば，足りない試薬，器具，機器に気が付くなどがあります．

> 例1：チューブにラックが合わない

> 例2：遠心管の数が足りない

> 例3：機器の予約をとっていない（共同機器）

Cold Runを行うことは，試薬の節約や時間の節約になるでしょう．
Cold Runが大切ということは，実験では「段取りが大事」ということです．
実験と料理には似たところがあります．
例えば，カレーライスをつくろうと思ったら，

図19　カレー材料写真　　図20　カレー完成写真

- 必要な材料や調理器具を思い浮かべた後に，冷蔵庫の在庫を考える
- 必要なものをマーケットに買出しに行き，材料を購入する（図19）
- 家に帰ったら，お米をとぎそのまま放置し水をお米に浸透させる
- この間に，肉や野菜を切り炒める
- ここでお米を電気釜に掛ける
- 一方，肉と野菜は鍋で煮立て柔らかくなるのを待つ
- その間，今まで出た切りくずや野菜やルーが入っていた袋を分別廃棄する
- そうこうしている間に煮えた肉と野菜にカレーのルーを加え，さらに煮込む
- ちょうど御飯が出来上がり蒸らしに入る
- カレーが出来上がり，御飯を皿に盛り，カレーをかけて出来上がり（図20）
- 御飯のお釜を水に浸け，余った御飯はサランラップに包み凍結保存する
- 余ったカレーも電子レンジが可能な容器に入れ，4℃もしくは凍結する
- カレーを食べる
- 食べた後，皿を洗い，釜や鍋を洗い干して終了

　料理を行う時は，段取が大切です．
　カレーを食べることが目的ですが，材料を確認し道具を揃えながら，調理しながら，片づけしながらカレーをつくります．

実験の流れとCold Run

　料理も実験も同じです．実験計画が決まったら，機器，器具，試薬在庫を思い浮かべて必要なものを発注し，試薬調製を行い実験します．実験に用いる機器や器具の数が他の実験者と競合する場合や他の研究室から借りる場合など

は，日程や時間を調整しなければなりません．実験後は片づけやデータのまとめ，報告書の作成，次の実験計画と廻ります．

現実には，複数の実験を同時進行で行うと思いますが，単独実験と同様の流れで行います．

⑬ コンタミ

コンタミの考え方を身に付けましょう．微生物だけではなく，いろいろなコンタミは，実験を妨害します．

コンタミとは，contaminationの略で「実験系に影響するものが混入する」という意味です．"コンタミ"という用語を用いる場面をあげてみましょう．例えば，動植物細胞培養の際に雑菌が混入しました．雑菌は細胞分裂速度が速いために培地の中で優位に繁殖し，分裂速度が遅い目的の細胞が生育できない時など「雑菌がコンタミした」などと言います．しかし，"コンタミ"の概念は他にも使います．コンタミには，どのような種類があるかまとめてみましょう．

●菌のコンタミ

無菌操作が不徹底で"コンタミ"した場合やインキュベータ内部が汚れていたために雑菌が"コンタミ"した場合などがあります．いずれも前項（⑫）のCold Runでの段取りの際に，無菌操作やインキュベータ洗浄を徹底しておけば防げます．

●DNA分解酵素（DNase）のコンタミ

DNAの抽出に際し，滅菌が不充分な器具や試薬，実験者の汗や唾液からDNaseが"コンタミ"する場合があります．器具滅菌の徹底や阻害剤であるEDTAの実験系への添加，実験者の手袋等の着用の徹底により防げます．（図21）

●RNA分解酵素（RNase）のコンタミ

RNAの抽出に際し，滅菌が不充分な器具や試薬，実験者の汗や唾液からRNaseが"コンタミ"する場合があります．RNaseは，DNaseに比べ熱に強

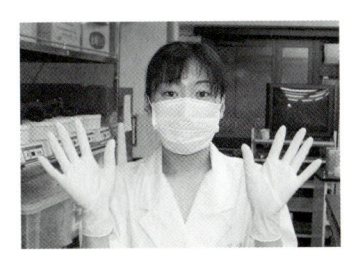

図21 マスク，手袋の着用

いために，器具滅菌や水の充分な滅菌やDEPC処理，実験者の手袋やマスクの着用の徹底，さらには実験場所を分けることにより防げます．

RNAの実験に際しては，実験場所を区分けするとともに，実験者からのRNaseの混入を防ぐために，念のためにマスク，手袋を着用して実験しましょう．特に，精製後の水や緩衝液に溶けた壊れていない高純度RNAを用いる際には，注意しましょう．

●他の検体のコンタミ

PCRに際して，他の実験系のPCR産物が空気を介して散乱し"コンタミ"することもあります．また，検体分注の際の取り違えにより"コンタミ"する場合もあります．これらは，実験場所を区別したり，分注方法を改めることにより解消できます．

●機器洗浄不足によるコンタミ

HPLCやキャピラリー電気泳動など連続的に分析を行う機器において，予想しないピークが現れる場合があります．これは，分析後の洗浄が不充分なためにカラムに残っていた成分が分析系に"コンタミ"したためです．分析ごとに充分な洗浄をプログラムする必要があります．

このように"コンタミ"は，様々な実験で起こるリスクです．しかし，上の例でもわかるように，ほとんどは実験操作の改善で解消できることです．

⑭ 「精」と「粗」

実験の「精」と「粗」を知りましょう．

いわゆるよい意味での「要領」です．学校で初めて実験する時は，すべてに緊張して行うと思います．しかし，多数検体を調べなければならない場合など，正確に行わなければならないところとそうでないところを見分けなければなりません．

実験には，「ヘソ」や「勘所」があります．**実験原理がわかっていれば，どのプロセスは正確に行い（精），どのプロセスはラフ（粗）でよいかがわかります．**すべての実験ステップを厳密かつ正確に行えば，それにこしたことはありません．学校の実習では，1つずつ実験を行うかもしれませんが，実践

では，いくつかの実験を平行して実施する場面がほとんどです．しかし人間の集中力には限界がありますから，すべてに「精」で行うと疲労がたまってしまいます．そのため，「精」で行わなければならない部分と「粗」でもかまわない部分を見極める必要があります．

特にルーチン化して実験する段階になったら，多数検体を手早く処理する必要がありますから，この「精」と「粗」の区別は大切です．実験が初めから巧い人は，本能的に「精」と「粗」の区別できる人です．普通の人でも，チョットした気づかいで訓練できます．

例1：酵素反応実験

手作業で反応時間5分のエンドポイント法で酵素反応実験を行う場合は，精度のよいマイクロピペットで分注し，ストップウォッチで時間を測りながら測定しなければなりません．酵素反応では，エンドポイント法といえども反応時間が伸びれば反応は進みます．このため，反応液のピペッティングや反応時間中には，中断せずに実験を行う「精」が必要です．

例2：DNA抽出とエタノール沈殿

DNA抽出の際，組織を24時間Proteinase Kと反応させ，フェノール抽出した後，塩を加え，最終濃度約70％のエタノール中で−80℃，30分沈殿させます．

Proteinase Kの反応は，タンパク質を溶かすために充分行ってもよいわけですから，酵素反応の24時間が26時間になろうがかまいません．また，エタノール沈殿もエタノール中でDNAが不溶化すればよいので，時間が1時間になってもかまいません．滅菌水に溶解しないでも，ここで中断してエタノール沈殿した状態で保存してもかまいません．つまり，このあたりは，「粗」でかまわないのです．

⑮ サンプル管理
サンプルやデータの保存管理を明確にしましょう．

次に示すような経験はありませんか？

> 例1：クローン化したDNAのチューブをどのラックに入れたかわからなくなり，－80℃冷凍庫の大捜索をすることになった

> 例2：PCRの結果からシークエンシングが必要になったが，増幅したPCR産物のチューブがどこにいったかわからなくなり，再度PCRをしなければならなくなった

> 例3：PAGEのゲルを写真を撮らずに乾燥させて実験ノートに張り付けてしまったため，論文や発表用のデータがないので，再度電気泳動を行うことになった

> 例4：失敗したデータを捨ててしまったので，似たような失敗をした場合に，再度原因を突き止めなければならなくなった

> 例5：論文にする時に，肝心のデータの写真がどこにいったかわからなくなってしまったので，再度実験をした

> 例6：先日のサンプルを実験のコントロールにしようと思ったが，サンプルをどこにしまったのかわからなくなった

> 例7：前回使用したイムノブロッティング用抗体溶液を小分けにしたが，チューブに濃度が書いていないためにどれを使用したらよいのかわからなくなり，凍結してある抗体を再度溶かさざるをえなかった

このようなを事例を読むと，「これは問題外，実験する資格なし」と思うでしょう．しかし，思わぬトリックでこのような場面に陥ることがあります．

2. トラブルを起こりにくくする方法は何でしょうか？

> 例1：研究室の他の人が分析に用いるのでまるごとサンプルを渡したが，それっきりなってしまった

一部を渡すか，どこにしまったのか聞いておけばよかったのに…．

> 例2：今までは，PCR産物のサイズを測定するだけで，シークエンシングはしていなかった（PCR産物は電気泳動で解析すればその後使用することはなかったので，泳動の結果が出たら処分してしまっていた）．今回の結果から急にPCR産物中の多型や変異をシークエンシングして調べることになったが，処分していたためシークエンシングできなかった

ルーチンの実験でも，状況が変わるかもしれないという考えを頭の隅に残せばよかったのに…．

> 例3：ネガティブなデータであったため，しっかりとした記録を残さなかった．しかし，他の実験の補助データになることが後でわかった

その実験ではネガティブなデータでも，後で役立つかもしれないと考えればよかったのに…．

> 例4：ある実験での失敗原因が突き止められた．二度とこんなことはないと思いサンプルは廃棄した．しかし，原因を記録しておらず，暫くしたら忘れてしまった

失敗したデータや原因の記録は，必ず残せば二度手間にならなかったのに…．

> 例5：よいデータが出たので上司や同僚に報告したのち，他のデータとは別にファイルしたところ，別にしたファイルがどこにいったのかそれっきりわからなくなった

こうゆう人は日常生活でも同じようなことをします．大事な貯金通帳を別の場所に置いたら，どこに置いたかわからなくなったなど．

これらの事例は，目の前の実験だけにとらわれて全体の流れを見ていなかったことによります．「ちょっと気を使えばよかったのに」ということです．自分の実験やデータを自己管理していなかったのです．以上のようなことが起こ

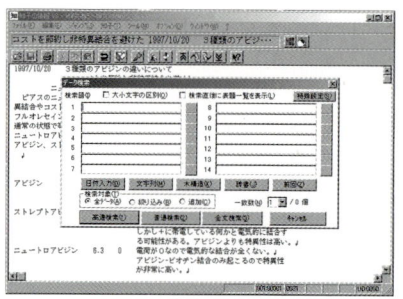

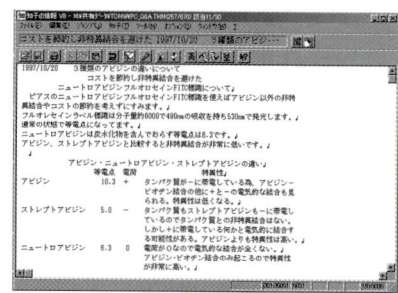

図22 ソフトを用いたデータベース事例
市販ソフト： (株)テグレット技術開発社製「知子の情報」
 (URL：http://www.teglet.co.jp/jpn/
products.htm)を用いたトラブルQ&A データベース事例
これは，日記や個人の記録をデータベース化するソフトです．データベースには，書式をつくらずにメモや日記のようにいろいろ自由に書き込んでおきましょう．キーワードを多く入力できるため，検索しやすくなっています（左 検索画面）（右 書き込み事例）

って困るのは，実験者自身です．サンプル管理＝自己管理，その具体的な方法は，**実験番号をつけてデータ／実験プロトコール／サンプルをまとめて管理する**など実験に気を使うことでしょう．

⑯ 事例を記録

トラブルを解決した際には，どのようにして解決したか事例として記録しましょう．

　人間はすぐ忘れる動物です．特に，トラブル（徹夜の実験になったとか，他の実験者や研究者に迷惑をかけたとか，ボスに怒られたなど）のために痛い目にあったという印象は残りますが，事実や原因は忘れがちです．問題が起こった事例とそれをどのように解決したかを"記憶"に頼らず"記録"しておくことが，個人の経験，研究室の力となります．事例集をデータベース化できればなおよいでしょう（図22）．ちなみに，バイオ試薬や機器の会社では，製品発売前に作成したQ&A集の他に，発売後に顧客からのクレームや問い合わせ内容，それをどのように解決したかなどをデータベース化し，同じような問い合わせに対し対応できるようにしています（そうでない会社もありますが，，，）．
　実験室でも，同じようなまとめをしておきます．このようなデータベースは

論文になるデータではありませんから，前向きではないと思われる読者が多いと思います．しかし，同じトラブルを起こさなければ，やり直し実験による時間のロスや消耗品／試薬のロスによる経費負担を減らし，結局はよいデータにつながります．しかし，データベース化などと大袈裟にいうとやる気が失せてしまいます．個人レベルのメモやトラブル内容と解決した経緯を記したトラブル解決ノートをつくるだけでも有効と思われます．

- ●個人レベル：メモを残す．トラブル解決ノートをつくる
- ●グループレベル／研究室レベル：データベース化する

　お粗末なことは，忘れたいと思う気持ちがあると思います．どんなに実験系を組んだ場合でも，実験者がその場その場の操作に気を遣い，結果を自分の目で見る観察眼をもつことが一番大切です．また，よい結果も悪い結果も"記憶"し"記録"しておくことが実験技術の向上に繋がります．

＜参考文献＞

1) Sambrok, J. & Russell, D. : In "Molecular cloning : A Laboratory Manual (3rd edition)", Cold Spring Harvor Laboratory press, New York, 2001

第2章

トラブル解決Q&A
Case

本章では，基礎的なバイオ実験の事例（Case）において実際に起こったいろいろなトラブルを示し，第1章の定石を手がかりに問題解決してみます．さらに，問題解決に必要なバイオ実験の基礎知識についても解説します

●● 本書と関連のある実験方法について ●●
本書はトラブル解決法の解説を目的としているため，個々の実験方法についての説明はしておりません．実験方法を知りたい方のために，「▷プロトコール参照▷」として参考図書を記載しております．参考図書についての詳細は「本書の構成」（p.14）をご覧ください．

Case 1
クローン化したDNAからサブクローンを取る（サブクローニング）

Q1 ～ Q19
19問題

実験内容の背景

　ライブラリーは，ファージベクターで作製されている場合が一般的です．ライブラリーには，mRNAから作製されすべての発現した遺伝子が入っているcDNAライブラリーと，ゲノムDNAから調製したゲノムライブラリーがあります．ゲノムライブラリーには，エキソン，イントロン，繰り返し配列など，遺伝子と遺伝子ではないDNA配列などすべてが含まれています．このライブラリーからクローニングされたDNA断片は，ファージもしくはプラスミドにクローン化されています．サブクローニングとは，クローン化DNAを制限酵素で断片化し別のプラスミドに組込むことです．この目的は下記のようなもので，遺伝子工学の基本的な実験です．

❶ DNAプローブとして用いるためにDNA断片を大量に取る
❷ シークエンシングできるよう1 kbp以下の断片ごとにプラスミドに挿入する
❸ 目的遺伝子の発現を行うために，発現ベクターにサブクローニングしてベクター交換[注]する
❹ プロモーター配列やエンハンサー配列の活性を調べるために，レポーター遺伝子を含むベクターにサブクローニングしてベクター交換する

　さて，クローンは，どのように入手するのでしょうか？

■1 市販されているものを購入する
■2 研究者から入手する

注：他のベクターにサブクローニングしなおして，ベクターの種類を変えること．例えば，組換えタンパク質をつくりたい時にプロモーターを含むベクターに入れ換えるなど．

Case1：クローン化したDNAからサブクローンを取る（サブクローニング）

Case1の実験の流れ

クローンの入手と評価
Q 1, 2, 3, 4, 7, 8, 19

クローン化プラスミドDNAの大量精製
（インサート用DNA配列を含む組換えDNA分子）
Q 2, 7, 8

組換えDNA分子の制限酵素消化
Q 4, 5

目的DNA断片の切り出しと精製
Q 9, 10

ベクターDNA（発現ベクター等）
Q 7

ベクターDNAの制限酵素消化
Q 2, 19

ベクターDNAの精製

連結反応（ligation）
Q 6, 11, 12

形質転換（transformation）と転換体の選別
バクテリア（大腸菌など）の培養
Q 13, 14, 15

プラスミドDNAの小スケール抽出（mini-preparation：ミニプレップ）
Q 8, 16, 17

挿入DNAの確認
● 制限酵素処理と電気泳動
● PCRによる確認
Q 4, 5, 8, 10, 17, 18

サブクローンの保存
Q 1

サブクローン化したプラスミドDNAの大量精製
Q 7, 8

サブクローン化DNAの保存
Q 1, 19

プローブ用DNA/RNA

細胞への導入

プロモーター／エンハンサーなど
調節DNA配列の解析

タンパク質の発現
発現タンパク質の精製

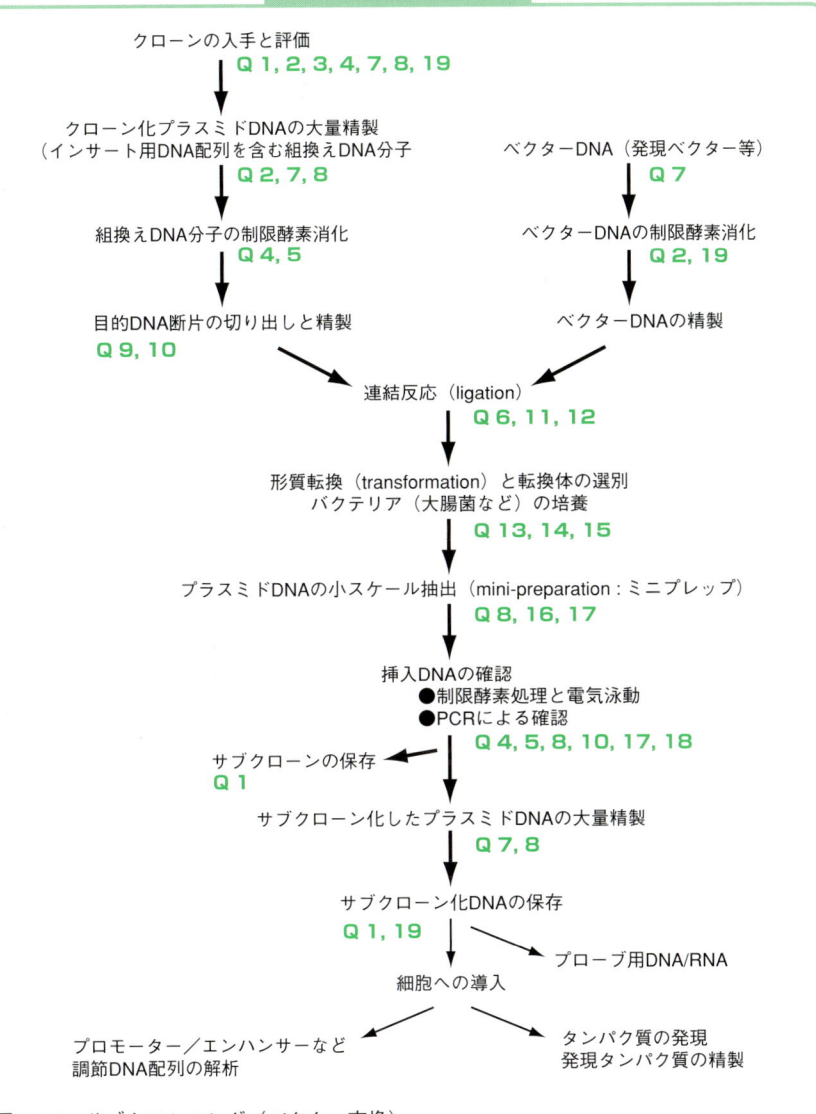

図1-0-1　サブクローニング（ベクター交換）
クローン化したプラスミドDNAのインサートを評価した後，インサートDNAを精製します．ベクターDNAと連結し形質転換した後，ミニプレップにてサブクローニングされていることを確認します．得られたクローン（サブクローン）は，大腸菌の状態で保存し，必要に応じてDNAとして大量精製し使用します

❸ 自分でクローニングする（PCRで増やしてクローニングすることも含みます）

などがあります．既存の遺伝子を用いる場合は，❶，❷の方法が一般的です．ベクターの入手も市販品が一般的になってきましたが，特別な発現ベクターなどは，他の研究者から入手します

いずれにしても入手したクローンやベクターは，必ず自分の手で検定しましょう．

実験の流れ （図1-0-1）

入手したクローンに目的のDNAがインサートとして挿入されているかどうかを確かめます．クローン化プラスミドDNAを精製した後，インサートとして挿入されている目的DNA断片を制限酵素で切り出します．このDNA断片をベクターに連結して大腸菌に導入し，形質転換します．目的DNA断片がインサートとして挿入されているサブクローンをミニプレップにて選びます．この際，インサートの方向が明確になるような検定を行います．選んだサブクローンは，プラスミドDNAもしくはプラスミドDNAが導入された大腸菌の形で保存します．

実験の流れと関連する問題を示します．

クローンの評価とプラスミドDNAの大量精製 (Q1, 2, 3, 4, 7, 8, 19)

- 大腸菌の培養（無菌操作・培養）
- プラスミドDNAの大スケール抽出（母液を含めた緩衝液調製，EDTAとDNaseの不活化，フェノール取扱いなど）
- CsCl-EtBr密度勾配超遠心分離によるプラスミド精製（EtBrの取扱い，超遠心機の扱い方）

DNA断片の抽出 (Q4, 5, 6, 9, 10, 11, 12)

- 制限酵素によるプラスミドの消化（マイクロアッセイ，酵素処理）
- 電気泳動によるインサートの分離（アガロースゲル電気泳動）
- インサートのゲルからの切り出しと精製（ゲルからのDNA精製）
- インサートとリンカーの連結（メチル化操作を含む）

Case1：クローン化したDNAからサブクローンを取る（サブクローニング）

- 制限酵素処理によるベクターDNAの消化（マイクロアッセイ，酵素処理）
- ベクターDNAの脱リン酸化処理（マイクロアッセイ，酵素処理）
- インサートとベクターの連結反応（マイクロアッセイ，酵素処理）
- コンピテント細胞の調製（市販品のコンピテント細胞を使用してもよい）

形質転換とインサートの確認 (Q4, 5, 8, 10, 13, 14, 15, 16, 17, 18)

- 組換えDNA分子による形質転換（マイクロアッセイ）
- コロニーの観察
- 組換えDNA分子（プラスミド）のミニプレップ（小スケールDNA抽出）
- 制限酵素処理と電気泳動によるインサートの確認（マイクロアッセイ，酵素処理，アガロースゲル電気泳動）
- 複数の制限酵素による消化を基にした制限酵素地図の作成（マイクロアッセイ，酵素の扱い）

サブクローン化DNAの保存 (Q1, 19)

- サブクローン化した大腸菌の培養
- 抽出DNAの小分け分注（−80℃保存）

1 Question

プラスミドの入った大腸菌を入手し培養したのですが，菌が生えてきませんでした．どうしてでしょうか？

Answer

培地を確かめ再度培養しましょう．スラントの場合，長期保存すると菌が死んでしまうことがあります．液体の場合は，グリセロールなどの保存剤が入っていたか確認します．

考え方

❶ どうすれば菌は生えないか？ （→「トラブルを起こす」p.16）
　菌が死んでいる，または，生育できない条件にする．

❷ 入手した菌は生えることが前提ですか？ （→「先入観の排除」p.25,「サンプルの確認」p.26）
　他者から入手した菌は，保存条件を自分で確かめましょう．

対処　実験の原理を知る，試薬/検体の特徴を知る （→p.32）

1 菌が保存中に死んだ

　スラントやプレート保存では，長期保存はできません．長くても1カ月以内には植え継ぎをしましょう．長すぎると生えてこないことがあります（図1-1-1）．
　培養した菌液の場合は，培地中に最終濃度10〜20%のグリセロースを加え，−20℃で保存します（→「参考図書-A」p.58）（図1-1-1）．
　例えば，培養した菌液10mlに滅菌したグリセロールを2ml加えた後，1mlずつ10本に分注し，−20℃にて凍結保存します．半永久的に保存する場合は，−80℃がよいでしょう．

2 菌が生育できない

　培地が違っている場合があります．しかし，大腸菌の場合は，バクテリア用

Case 1：クローン化したDNAからサブクローンを取る（サブクローニング）

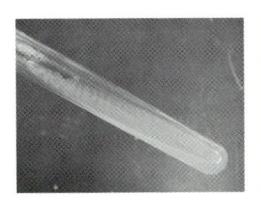

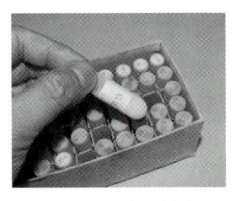

図1-1-1　スラント（左），プレート（中），グリセロール保存（右）

の培地ならば一応は生育します．ただし，耐性をもたない菌を抗生物質を含む培地に撒いた場合は，もちろん生えません．

プラスミドが入った大腸菌が生えてこない場合は，上記 **1** の可能性が高いでしょう．

他者からもらった場合は，入手後すぐに培養して生きているかどうか確かめましょう．そして，目的のプラスミドが入っていることを確認して，お礼のメールを出します．問題があった場合は，すぐに問い合わせなどの対応をしましょう．日にちが経ってから対応するのは失礼です．メーカーから購入した場合も，すぐに生えてくるかどうか確認をして，問題があった場合はすぐに問い合わせます．何カ月，何年も経ってから問い合わせても，こちらの保存が悪いのではないかと思われ，充分な対応がされない場合があります．

菌は，短期間（数週間）ならばスラントやプレートの状態でも保存できますが，1年以上の保存の場合は，15〜20％グリセロール中で保存します．−80℃の場合は半永久的に保存ができます．菌は，図1-1-1右のように小分けにし，使用する際には手で温めて解凍し，すぐに使用します．一部しか使用しない場合は，凍結した表面をかきとって，残りは凍結しましょう．この場合，一度使用したことがわかるようにマークを付けておきましょう（原則として，凍結融解は一度だけとします）．

▶**プロトコール参照**▶　「参考図書-A」第3章-5　大腸菌株の保存方法（p.57-60）

＜参考＞
宿主-ベクター系は，メーカーから購入するばかりでなく，下記の機関で入手可能です．
1）理化学研究所筑波研究所バイオリソースセンター（BRC）　〒305-0074 茨城県つくば市高野台3-1-1
　　TEL：0298-36-9111，http://rtcweb.rtc.riken.go.jp/lab/BRCl
　　遺伝子材料開発室　http://www.rtc.riken.go.jp/DNA/HTML/dnahome.html
2）American Type Culture Collection（ATCC）　10801 University Boulevard, Manassas, VA 20110-2209, USA
　　http://www.atcc.org

まとめ　保存期間と方法が問題です．生育を確認し，迅速に対応しましょう．

Question 2

入手したプラスミドをマップに従い制限酵素（*Bam*HI）で消化したのですが，インサート内部で切れませんでした．どうしてでしょうか？

Answer

制限酵素反応条件が間違っていなければ，マップが間違っているか，制限酵素部位がメチル化されている可能性があります．

考え方

❶ どうすれば酵素で切れなくなりますか？（→「トラブルを起こす」p.16,「先入観の排除」p.25）

サイトがない＝マップが間違っている，または，制限酵素切断部位がメチル化されていてサイトがあっても切れない場合があります．特に，リンカーを付けたインサートは，メチル化されている場合があります．

対処　実験の原理を知る，試薬／検体の特徴を知る（→ p.32）

① リンカーを用いてインサートを組込んだ場合は，インサートをメチル化する

リンカーを用いた場合や，インサート内にリンカーと同じ制限酵素サイトがある場合は，メチル化酵素（メチラーゼ：methylase）によりインサートのDNA断片をメチル化します．

特に，市販品ではなく自分で作製したベクターやcDNAクローンでリンカーをつけて挿入した場合，リンカー配列以外のサイトをメチル化しているために，インサート内部で切断できなくなる場合があります（図1-2-1）．

また，大腸菌宿主内でメチル化が起こる場合もあります．通常の形質転換に用いるJM109，HB101などの大腸菌K12株では，DNA上の特異的な配列を認識してメチル化を行う2種類のメチラーゼが存在します．

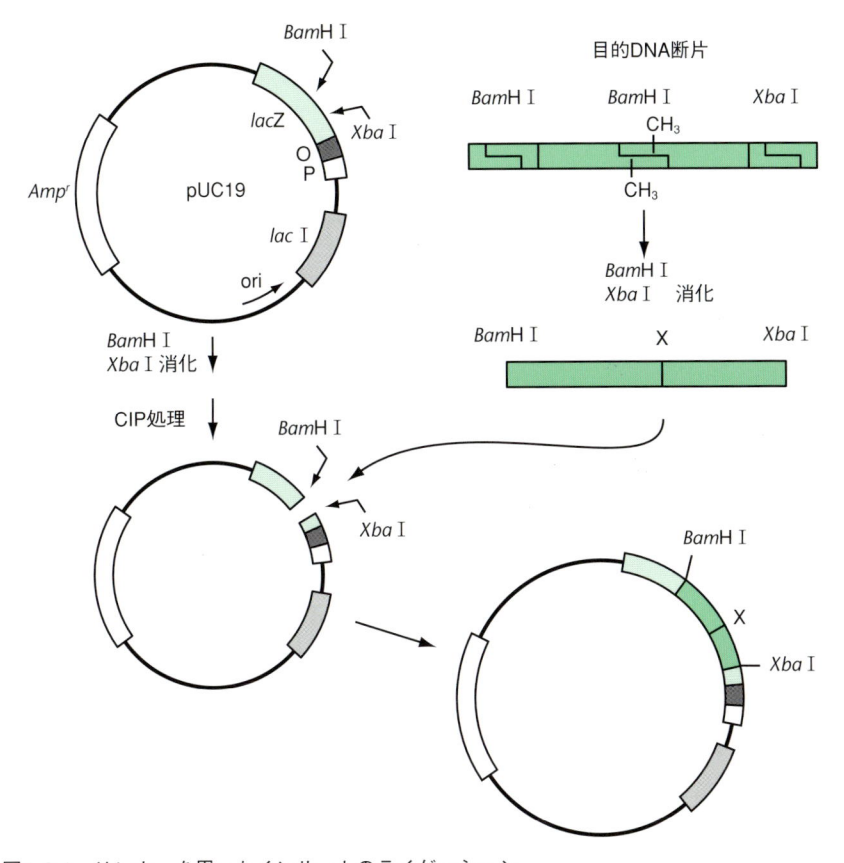

Case 1：クローン化したDNAからサブクローンを取る（サブクローニング）

図1-2-1　リンカーを用いたインサートのライゲーション
ベクターpUC19のマルチクローニングサイトに適切なサイトがないために，BamHIとXbaIのリンカーを付けてインサートをサブクローニングしました．インサートDNA内部にあるBamHIサイトをあらかじめメチラーゼでメチル化しておきリンカーの消化の際に切れないようにして，そのままインサートとしてpUC19にサブクローニングしました．結果として，インサート内部ではBamHIで切れなくなりました

| dam methylase：GATC → G^{6m}ATC
| dcm methylase：CCWGG → C^{5m}CWGG

　そこで，大腸菌からプラスミドを調製した場合は，これらのメチラーゼによりかなりの割合でメチル化されています．このために，調製したプラスミド上でGATC（BamHIなど）やCCWGG（EcoRIIなど）を認識する制限酵素は，消化できなくなったり，部分消化（パーシャル：partial）になる場合があります．

2 基本的な実験手技や原理の理解不足の問題がある場合もある

制限酵素処理ができない原因として，一般に下記のようなことがありますので，確認をしましょう．

- ・緩衝液が異なっている
- ・プラスミドの保存に問題があり，保存中に壊れていた
- ・プラスミドの容量が多すぎるため，プラスミド溶液に混入した阻害物質の影響を受けている

▶プロトコール参照▶ 「参考図書-A」第5章-1-2　反応の実際（p.93-97）

「参考図書-A」第5章-2-5-2　メチル化DNAを用いたリンカーライゲーション（p.113-114）

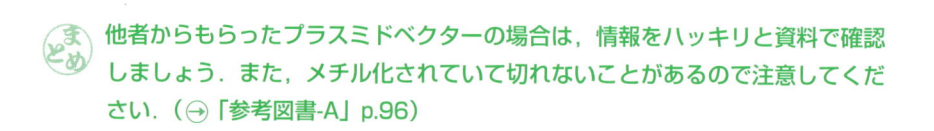

> まとめ：他者からもらったプラスミドベクターの場合は，情報をハッキリと資料で確認しましょう．また，メチル化されていて切れないことがあるので注意してください．（→「参考図書-A」p.96）

Case 1：クローン化したDNAからサブクローンを取る（サブクローニング）

3 Question

プラスミドを制限酵素で消化したのですが，制限酵素地図よりも切断箇所が多かったです．どうしてでしょうか？

Answer

Isoshizomerが制限酵素認識塩基配列に入っているかもしれません．制限酵素地図を再度確かめましょう．また，スター活性で切れている可能性があります．実験条件を確かめましょう．

考え方

❶ **どうしたら切断点が多くなるか？** （→「トラブルを起こす」p.16，「先入観の排除」p.25）

制限酵素地図が正確かを考えましょう．また，制限酵素は本当に特異的か考えましょう．

対処　実験の原理を知る，試薬/検体の特徴を知る （→ p.32）

制限酵素地図上でIsoshizomerの存在を見過ごしていませんか？
名前は違うが認識部位が同じ２つ以上の制限酵素を，互いにIsoshizomerであるといいます．Isoshizomerの関係にある主な制限酵素を，表1-3-1に示しました．
Isoshizomerがあれば，当然，制限酵素で切断されるサイトは増えたようにみえます．制限酵素地図上でIsoshizomerがあるかかどうか探しましょう（図1-3-1）．
スター活性とは，制限酵素の特異性が下がり，異なる配列を切断してしまうことです．
制限酵素反応の際に，グリセロール濃度が高いとスター活性が起こります．図1-3-2では，制限酵素溶液の容量を上げたためにスター活性が起こったことを示しています．

表1-3-1　Isoshizomerの関係にある制限酵素

酵素名1	メチル化切断有無	酵素名2	メチル化切断有無	酵素名3	メチル化切断有無	認識塩基配列	切断端
AccⅡ		FnuDⅡ				CG/CG	Blunt
AccⅢ		BspMⅡ		Aor13HⅠ		T/CCGGA	Cohesive
AccⅢ	○	BspMⅡ	×	Aor13HⅠ	×	T/m5CCGGA	Cohesive
AccⅢ	○	BspMⅡ	×	Aor13HⅠ	×	T/Cm5CGGA	Cohesive
AccⅢ	×	BspMⅡ	○	Aor13HⅠ	×	T/CCGGm6A	Cohesive
AclⅠ		Psp1406Ⅰ				AA/CGTT	Cohesive
AcyⅠ		BbiⅡ		Hin1Ⅰ		GR/CGRC	Cohesive
AfaⅠ		RsaⅠ				GT/AC	Blunt
AflⅠ		AvaⅡ		Eco47Ⅰ		G/GWCC	Cohesive
AflⅠ	○	AvaⅡ	×	Eco47Ⅰ	×	G/GWCm5C	Cohesive
AhaⅢ		DraⅠ				TTT/AAA	Blunt
Alw44Ⅰ		ApaLⅠ				G/TGCAC	Cohesive
Aor51HⅠ		Eco47Ⅲ				AGC/GCT	Blunt
AsuⅠ		Cfr13Ⅰ				G/GNCC	Cohesive
Asp718Ⅰ		KpnⅠ				GGTAC/C	Cohesive
Asp718Ⅰ	×	KpnⅠ	○			GGTAC/m5C	Cohesive
AvaⅢ		EcoT22Ⅰ				ATGCA/T	Cohesive
AvaⅡ		VpaK11BⅠ				G/GWCC	Cohesive
AviⅡ		MstⅠ		FspⅠ		TGC/GCA	Blunt
AxyⅠ		Eco81Ⅰ				CC/TNAGG	Cohesive
BanⅠ		EcoT38Ⅰ		HgiJⅡ		GRGCY/C	Cohesive
BbeⅠ		NarⅠ				GGCGC/C	Cohesive
BclⅠ		FbaⅠ				T/GATCA	Cohesive
BcnⅠ		CauⅡ				CC/SGG	Cohesive
BfaⅠ		MaeⅠ		XspⅠ		C/TAG	Cohesive
BlnⅠ		AvrⅡ				C/CTAGG	Cohesive
Bpu1102Ⅰ		EspⅠ				GC/TNAGC	Cohesive
BspT104Ⅰ		AsuⅡ		NspⅤ		TT/CGAA	Cohesive
BspT107Ⅰ		HgiCⅠ				G/GYRCC	Cohesive
Bsp1286Ⅰ		SduⅠ				GDGCH/C	Cohesive
BssHⅠ		BsePⅠ				G/CGCGC	Cohesive
BstNⅠ		MvaⅠ		EcoRⅡ		CC/WGG	Cohesive
BstNⅠ	○	MvaⅠ	×	EcoRⅡ	×	Cm5C/WGG	Cohesive
BstPⅠ		BstEⅠ		EcoO65Ⅰ		G/GTNACC	Cohesive
Bst1107Ⅰ		SnaⅠ				GTA/TAC	Blunt
CfrⅠ		EaeⅠ				Y/GGCCR	Cohesive
Cfr9Ⅰ		SmaⅠ		XmaⅠ		CCC/GGG	Blunt
Cfr9Ⅰ	○	SmaⅠ	×	XmaⅠ	○	CCm5C/GGG	Blunt
CpoⅠ		RsrⅡ				CG/GWCCG	Cohesive
DraⅡ		EcoO109Ⅰ				RG/GNCCY	Cohesive
EcoRⅡ		MvaⅠ				CC/WGG	Cohesive
EcoT14Ⅰ		StyⅠ				C/CWWGG	Cohesive
EcoT22Ⅰ		NsiⅠ				ATGCA/T	Cohesive
Eco52Ⅰ		XmaⅢ				C/GGCCG	Cohesive
Eco81Ⅰ		SauⅠ				CC/TNAGG	Cohesive
HapⅡ		HpaⅡ		MspⅠ		C/CGG	Cohesive
HapⅡ	×	HpaⅡ	×	MspⅠ	○	C/m4CGG	Cohesive
HapⅡ	×	HpaⅡ	×	MspⅠ	○	C/m5CGG	Cohesive
HincⅡ		HindⅡ				GTY/RAC	Blunt
MboⅠ		NdeⅡ		Sau3AⅠ		/GATC	Cohesive
MboⅠ	×	NdeⅡ	×	Sau3AⅠ	○	/Gm6ATC	Cohesive
MflⅠ		XhoⅠ				R/GATCY	Cohesive
MflⅠ	×	XhoⅡ	○			R/Gm6ATCY	Cohesive
MfeⅠ		MunⅠ				C/AATTG	Cohesive
NruⅠ		Sbo13Ⅰ				TCG/CGA	Blunt
NruⅠ	×	Sbo13Ⅰ	○			TCG/CGm6A	Blunt
PshBⅠ		VspⅠ				AT/TAAT	Cohesive
PflMⅠ		Van91Ⅰ				CCANNNN/NTGG	Cohesive
SacⅠ		SstⅠ				GAGCT/C	Cohesive
SacⅡ		SstⅡ				CCGC/GG	Cohesive

酵素によっては、メチル化されている配列に対する特異性が異なる場合があります
略語：N=A, G, C or T,　R=A or G,　Y=C or T,　S=C or G,　W=A or T
　　　m4C=4-methylcytosine,　m5C=5-methylcytosine,　m6A=6-methyladenine

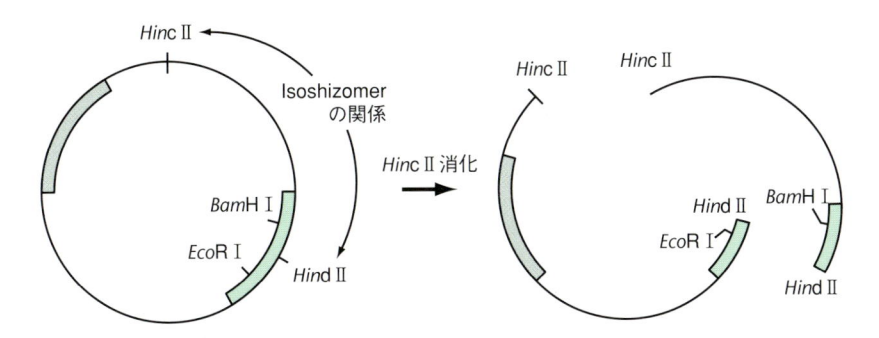

Case 1：クローン化したDNAからサブクローンを取る（サブクローニング）

図1-3-1 Isoshizomerが含まれているインサートをサブクローニングした場合

ベクター上のHinc IIサイトが1カ所であり、インサートにはHinc IIサイトが見当たらないために、Hinc II消化では1カ所だけ切断されるはずであったが、実際には、2カ所で切断された。これは、Hinc IIのIsoshizomerであるHind IIサイトがインサートの内部に存在し、ここが切れたためです

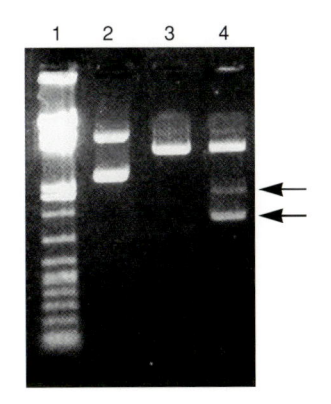

図1-3-2 スター活性

レーン1：マーカー，レーン2：制限酵素未処理プラスミドDNA，レーン3：制限酵素処理プラスミドDNA，レーン4：過剰制限酵素処理プラスミドDNA
制限酵素を総反応容量の30%（v/v）加えたところ（レーン4）、スター活性により新たなバンドが検出されました。見かけ上、複数のサイトがあるように思われました

　例えば、プラスミドDNA溶液に不純物が混入していて酵素で切断できない時に、制限酵素の容量を増やすことがあります。スター活性は、制限酵素反応中のグリセロール最終濃度が5%を超えると起こります。市販の制限酵素溶液は最終濃度50%のグリセロールが入っていますから、**制限酵素のユニット数にかかわらず、容量が10%を超えていないか確かめる必要があります**．

表1-3-2 スター活性を示す主な制限酵素

制限酵素	通常の認識塩基配列	スター活性の際の認識塩基配列	原因	文献
BamH I	G↓GATCC	GGNTCC GGANCC GPuATCC	酵素過剰 Glycerol濃度の増加 塩濃度の低下	2
EcoR I	G↓AATTC	NAATTN	酵素過剰 Glycerol濃度の増加 高いpH	3
Hae III	GG↓CC		酵素過剰 Glycerol濃度の増加	1
Pst I	CTGCA↓G		酵素過剰 Glycerol濃度の増加 DMSOの添加	1
Pvu II	CAG↓CTG	CCGCTG CATCTG CAGATG CAGGTG CAGCGG	酵素過剰 Glycerol濃度の増加 DMSOの添加	4
Sal I	G↓TCGAC		酵素過剰 Glycerol濃度の増加 DMSOの添加	3
Sau3A I	↓GATC	GAGC CATC	酵素過剰 Glycerol濃度の増加	5
Xba I	T↓CTAGA		酵素過剰 Glycerol濃度の増加 DMSOの添加	1

よく用いられる制限酵素がスター活性を起こす条件を示しています．
1) Nath, K. & Azzolina, B. A. : Gene Amplif. Anal., 1 : 11-130, 1981
2) George, J. et al. : J. Biol. Chem., 255 : 6521-6524, 1980
3) Malyguine, E. et al. : Gene, 8 : 163-177, 1980
4) Nasri, M. et al. : FEBS Letters, 185 : 101-104, 1985
5) Pech, M. et al. : Cell, 18 : 883-893, 1979

スター活性を起こしやすい酵素を，表1-3-2にまとめます．

▶プロトコール参照▶ 「参考図書-A」第5章-1-2-3 C) スター活性 (p.96-97)

まとめ Isoshizomerとスター活性の可能性を確認しましょう．

Case 1：クローン化したDNAからサブクローンを取る（サブクローニング）

4 Question

異なる2つの制限酵素で一緒に消化すると切れないのですが，どうしてでしょうか？

Answer

2つの制限酵素の反応用緩衝液の至適イオン強度，反応pH，反応温度が異なっている可能性があります．1つの制限酵素で切断後，フェノール抽出・エタノール沈殿し，再度もう1つの酵素で切断しましょう．

考え方

❶ **どうすれば切れないか？**（→「トラブルを起こす」p.16,「プロトコールに忠実か」p.25）

制限酵素反応の緩衝液条件は，酵素ごとに決まっています．2つの酵素の反応条件を確認しましょう．

対処 実験の原理を知る，試薬/検体の特徴を知る（→ p.32）・プロトコールの作製（→ p.38）

制限酵素反応時の至適イオン強度，反応pH，反応温度は制限酵素の種類により異なります．しかし，制限酵素によっては共通の緩衝液を用いる場合も多くあります．もともとは，酵素により反応緩衝液は異なっていましたが，イオン強度，至適pHなどには共通点があることから，現在ではメーカーのカタログを見ると，緩衝液H，M，L注と3種類プラスα程度に集約され，酵素購入時に添付されているのが一般的です．典型的な緩衝液は「参考図書-A」p.93 表1を参照してください．

まず，使用する2つの酵素どうしがどの緩衝液に適切であるかを調べます．

至適反応温度，緩衝液の種類が同じ場合は，問題ありません．添加する酵素の容量が最終で10％を超えないように設定すれば大丈夫です．

注：H：High，M：Medium，L：Low

表1-4-1 制限酵素の至適温度

温度（℃）	適応制限酵素例					
30	Bsp1286 I	Fse I	BamH I	Cla I	Cpo I	Sma I
37	EcoR I	他ほとんどの制限酵素				
45	BstX II					
50	Acy I	BssH II	Bcl I	Sfi I		
55	Spl I					
60	Acc III	BstE II	BstP I			
65	TthHB8 I	Tth111 I	Bsm I	Taq I		

多くの制限酵素は，37℃に至敵温度をもちますが，酵素によっては至適温度30℃〜65℃まで異なることがわかります．下線の酵素は37℃でも反応可能

表1-4-2 BamH I /BsrE II によるプラスミドDNAの消化

番号	検体		制限酵素1		制限酵素2		10×緩衝液	滅菌水	T E	酵素反応	B.J.
	名前	μl	名前	μl	名前	μl	μl	μl	μl	時間	μl
1	マーカー	1	—	—	—	—	—	—	19	—	2
2	プラスミドDNA	2	—	—	—	—	—	—	18	—	2
3	プラスミドDNA	2	BamH I	1	—	—	2	15	—	2時間	2
4	プラスミドDNA	2	BamH I	1	BstE II	1	2	14	—	2時間	2

TE：10 mM Tris/HCl pH 8.0, 1 mM EDTA
B.J.：0.1% BPB, 50 % glycerol（Blue Juice）

　しかし，緩衝液が異なる場合や至適温度が異なる場合は，ちょっと考えなければなりません．制限酵素反応の至適反応温度は常に37℃とは限りません（表1-4-1）．BstE II の至適温度は60℃です．また，Bsm I，Taq I は65℃，Acy I，Bss H II，Bcl I，Sfi I は50℃，Sma I は30℃と，37℃以外の至適温度をもつ制限酵素もあります．このような酵素の場合は，37℃で反応させると充分反応しない場合があります（表1-4-1）．

　以上のことから，基本的には一方の酵素で消化した後に，フェノール抽出・エタノール沈殿にて除タンパク質して塩も取り除いてから，もう一方の酵素で消化します．しかし，工程が多くなれば当然DNAのロスも多くなります．

　例えば，BamH I とBstE II の場合を考えてみましょう．BamH I は緩衝液はBで至適温度は37℃ですが，BstE II は緩衝液はHで至適温度は60℃です．表1-4-2のように酵素容量が10％を超えないようにして37℃で反応させた場合は消化できることもありますが，部分消化であったり，切れない場合があるなど，再現性が悪くなります（図1-4-1）．ミニプレップでプラスミドを精製し，インサートの確認する程度ならば，2つの緩衝液を1：1に混ぜて用いても切れることもあります（図1-4-2）．これも結果オーライですから，切れた場合は

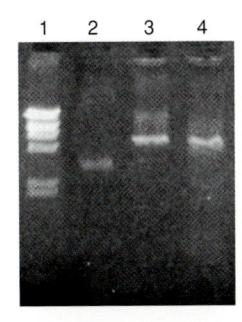

Case 1：クローン化したDNAからサブクローンを取る（サブクローニング）

図1-4-1　プラスミド中のインサート確認
BamHI用緩衝液で37℃でインキュベーションしたところ，部分消化産物がみられ，インサートは充分観察できませんでした（BstEIIの至適温度は60℃なので）
レーン1：マーカー，レーン2：プラスミドDNA未処理，レーン3：BamHI消化，レーン4：BamHI/BstEII消化

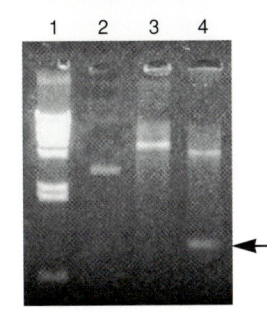

図1-4-2　緩衝液を混合して消化
BamHI用の緩衝液とBstEII用の緩衝液を1：1に混合して37℃インキュベーションにて反応させたところ消化され，インサートははっきりと確認されました
レーン1：マーカー，レーン2：プラスミドDNA未処理，レーン3：BamHI消化，レーン4：BamHI/BstEII消化

問題ないかもしれません．しかし，切れなかった場合は，制限酵素部位がないのか反応条件の問題なのかはわかりません．定石通りに1つの制限酵素（BamHIまたはBstEII）で切ってからフェノール抽出・エタノール沈殿し，除タンパク質してから再度もう一方の酵素（BstEIIまたはBamHI）にて消化しましょう．

サブクローニングを頻繁に行う場合，複数の酵素で切断する場面によく出会います．メーカーのカタログに出ている複数の制限酵素を使用する際の緩衝液適正表を見えるところに張っておきましょう．

▶**プロトコール参照**▶「参考図書-A」第5章-1-2-2　異なる制限酵素で切断する場合（p.94-95）

まとめ　2つの酵素の至適イオン強度，pH，温度を確認しましょう．また，緩衝液の適正表を見えるところに張っておきましょう．
基本的には1つで消化後，精製してもう1つの酵素で再度消化します．

Question

ミニプレップにてプラスミドDNAを抽出した際に，制限酵素処理をしてインサートを確認しました．しかし，インサートを大量精製するために再度制限酵素処理したところ切れなくなったのですが，どうしてでしょうか？

Answer

ロットが異なるプラスミドDNAならば，再度フェノール抽出・エタノール沈殿をします．ロットが同じ場合は，スケールアップも含めて制限酵素処理反応条件の問題でしょう．

考え方

❶ 以前切れていたものを切れなくするには？（→「トラブルを起こす」p.16，「サンプルの確認」p.26，「撹拌，混合」p.27）

前回と同じサンプルであるかどうか，制限酵素反応条件は同じかどうかを調べてみましょう．

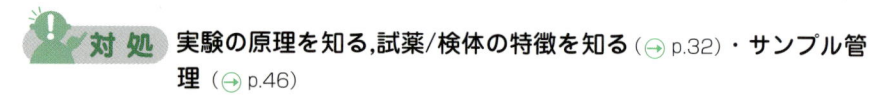

対処 実験の原理を知る，試薬/検体の特徴を知る（→ p.32）・サンプル管理（→ p.46）

1 ロットが異なるプラスミドかどうかで原因は異なる

ロット（Lot）とは，製造番号のことです．同じ抽出方法で取り出したプラスミドDNAでも，抽出した日が異なれば別の物として扱う必要があります．なぜならば，培養したバクテリアの数が異なったり，アルカリ抽出における手作業の操作による抽出効率の違いや，フェノール抽出の際のフェノールの残量が違うなど，同じ方法で抽出しても不純物の量やDNAの質は，毎回多少は異なっているはずです．結果として，DNAにタンパク質が結合したままで制限酵素が結合できずに反応しない場合があります．抽出のロットが異なっている

場合は，フェノール抽出・エタノール沈殿を再度行いましょう．また，充分な DNA量があれば，A260/280比を算出してタンパク質の混入があることを確認するのもよいでしょう．（→「Q20」p.110）

2 スケールアップの問題

　一方，同じロットの場合でも，酵素反応条件の問題があります．酵素反応の問題は，Q4（p.65）に記載されていますので，確認してください．ここでは，スケールアップの問題を取り上げます．インサートDNAを大量に精製するために，ミニプレップでは，20 μlスケールであった反応系を100 μl系にして行う場合があるでしょう．この場合は，単純に5倍の酵素で行った場合でも反応時間を延ばしたり，反応中に撹拌するなどの処置をした方がよいでしょう．また，アルミブロックで反応する際にも，容量により熱効率が異なり反応が鈍る場合があります．全く切れないことはなくても部分消化（パーシャル）になってしまう場合もあります．

▶**プロトコール参照**▶「参考図書-A」第5章-1-2　反応の実際（p.93-97）

＜参考＞母液と希釈液

　1×，10×，50×などは，それぞれ原液，10倍濃い液，50倍濃い液という意味です．希釈系列の場合に，×1，×10，×50という表現をしますが，こちらは原液，10倍希釈，50倍希釈という意味です．"×"の位置により逆の意味になりますから注意しましょう．ハイブリダイゼーションで用いるSSC（Standard Sodium Citrate）溶液の場合も20×SSCの母液を希釈して5×SSCを調製して使用したりします．

　母液を調製して必要な際に希釈して使用するやり方は，バイオ実験ではしばしば行います．緩衝液などは，試薬を計りとりpHを調製してつくりますが，初心者では誤差が必ず出てきてロット間や調製者で不正確になる場合があります．希釈は，簡単で誤差が少ないことから，母液を調製しておき必要な場合は希釈するようにすれば溶液の組成が安定します．また，保存場所も少なくて済みます．ちなみに，市販されている電気泳動用の緩衝液も濃縮されていますから，希釈のみで使用できます（50×TAE，5×TBEなど）．

> **まとめ** 新たに抽出プラスミドDNAが酵素処理できない場合は，フェノール抽出・エタノール沈殿を再度行いましょう．スケールアップの場合は，反応時間を延ばしたり，反応中に撹拌しましょう．

6 Question

サブクローニングしようと思ったのですが，ベクターのマルチクローニングサイトに適当な制限酵素サイトがありません．どうしたらよいでしょうか？

Answer

目的DNA断片の末端にリンカーを付けましょう．この際，リンカーの制限酵素サイトがDNA断片中にある場合は，あらかじめメチル化してから用いましょう．

考え方

❶ 制限酵素サイトがなければサブクローニングはできないのでしょうか？（→「先入観の排除」p.25)

制限酵素サイトを探すだけでなく，付け加えることも考えてみましょう．

対処　実験の原理を知る，試薬/検体の特徴を知る（→ p.32)

1 リンカーを付ける

cDNAライブラリーやゲノムライブラリーからクローニングして得られたクローン化DNAは，インサートDNAの大きさが数キロbpで，必要以上の配列を含んでいる場合があります．このため，特定のDNAの塩基配列の決定，特定遺伝子の発現，RNAプローブの作製などではサブクローニングが必要です．

目的DNA断片をサブクローニングする際は，普通はベクターのマルチクローニングサイトに挿入します．しかし，そのためには目的DNA断片を切断した際に使用した酵素のサイトがベクターのマルチクローニングサイトになければなりません．DNA断片の切断サイトがブラントエンド[注1]の場合は，マルチクローニングサイトの*Sma*Iなどブラントエンドの部位に結合させればよいでしょう．しかし，切断サイトがコヘシブエンド[注2]でマルチクローニングサイトに同じサイトがない場合は，ブラントエンドにするかリンカーを付ける必要があります．一般にブラントエンドライゲーションは，反応効率が低いことが

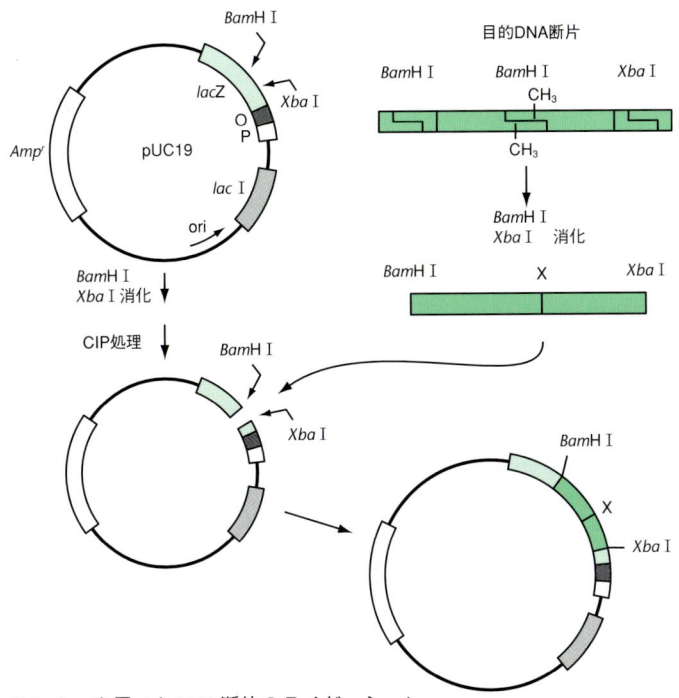

Case1：クローン化したDNAからサブクローンを取る（サブクローニング）

図1-6-1　リンカーを用いたDNA断片のライゲーション
インサートDNA断片に，BamHI，XbaIサイトをもつリンカーを連結した後，ベクターのBamHI，XbaIサイトに挿入します

知られています．そのため，コヘシブエンドをもつリンカーを付けます．しかしリンカーを付けた場合，DNA断片中にリンカーと同じ制限酵素サイトがある時は，そこをメチル化して切れないようにする処理が必要です（図1-6-1）．

▶**プロトコール参照**▶　「参考図書-A」第5章-2-5　インサートDNAの修飾・改変（p.109-119）

まとめ　制限酵素サイトがないならば，作りましょう．ブラントエンドライゲーションを避ける意味でも，リンカーを付けたライゲーションを行う必要があります．この際には，DNA断片をメチル化して切れないようにしておきます．

注1：ブラントエンド（平滑末端，blunt end）
注2：コヘシブエンド（突出末端，cohesive end）

Question 7

CsCl-EtBr超遠心分離にて大量にプラスミドを精製したのですが，閉環状プラスミドに開環状プラスミドが多く混入していました．どうしてでしょうか？

Answer

CsCl濃度を確認し，チューブへの注射針の打ち込み方法や吸引方法を工夫しましょう．

考え方

❶ 2つのバンドを混入するには？（→「トラブルを起こす」p.16）

閉環状プラスミド（cccDNA）に開環状プラスミド（ocDNA）のバンドが混入する状況は，2つの成分の密度が一致するために起こる場合や，採取の際にテクニック的問題で起こる場合が考えられます．

対処　実験の原理を知る・試薬/検体の特徴を知る（→ p.32）・Cold Run（→ p.41）

1 超遠心分離によるラージスケールプラスミド精製

プラスミドベクターやクローン化されたプラスミドをmg単位で大量に精製したい場合は，CsCl-EtBr密度勾配超遠心分離法によりプラスミドを精製します．高純度のプラスミドDNAが得られることから，細胞内に遺伝子導入する際のプラスミド抽出などに用います．実験系にEtBrを加えているのは，DNAバンドを検出するためばかりではありません．EtBrが二本鎖DNAに取り込まれると，分子密度が下がります．この際にDNAは巻き戻されますが，ocDNA，線状DNA（linearDNA）に比べると，cccDNAはタイトな構造なのでEtBrが入りにくいため，密度変化が少なくなります．このため，超遠心分離後にcccDNAは他のocDNA，linearDNAに比べてより下の方にバンドとして観察されます．EtBrが結合していますから，UVを照射することによりDNAが検出

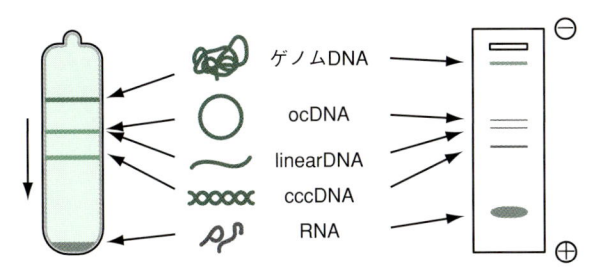

図1-7-1　CsCl-ErBr超遠心分離によるプラスミドDNAの精製
アガロースゲル電気泳動と同様に，分子の形により，プラスミドDNAを分離できます．このためニックが入っていないcccDNAの精製ができます

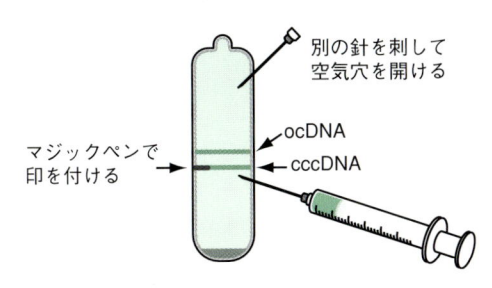

図1-7-2　cccDNAの採取
cccDNAが存在する下のバンドの底から注射針を入れます．遠心管の種類や大きさにもよりますが，インスリン注射用の1ml注射筒を用い20〜23Gの針を用いるとよいでしょう．遠心管の上部に空気穴を開けておくことを忘れないようにしましょう

できます．このようにして，EtBrを加えることで壊れていないcccDNAタイプのプラスミドDNAを大量に得ることができるのです．

1.75g/ml CsCl，5mg/ml EtBr密度勾配遠心分離後には，図1-7-1のようにトップからタンパク質・脂質，ゲノムDNA，ocDNA，cccDNA，RNAと分離できます．CsCl超遠心後，cccDNAとocDNAのバンドが肉眼で検出できるかどうか確認し，2つのバンドが近いかどうか見ます．

A）バンドの分離が悪い場合

CsCl濃度や遠心分離時間によっては，充分分離されずcccDNAとocDNAのバンドの位置が近いことがあり，この場合は，両者が混入する恐れがあります．注射針で下のバンド（cccDNA）を採取しますが，バンドの下端に針を入

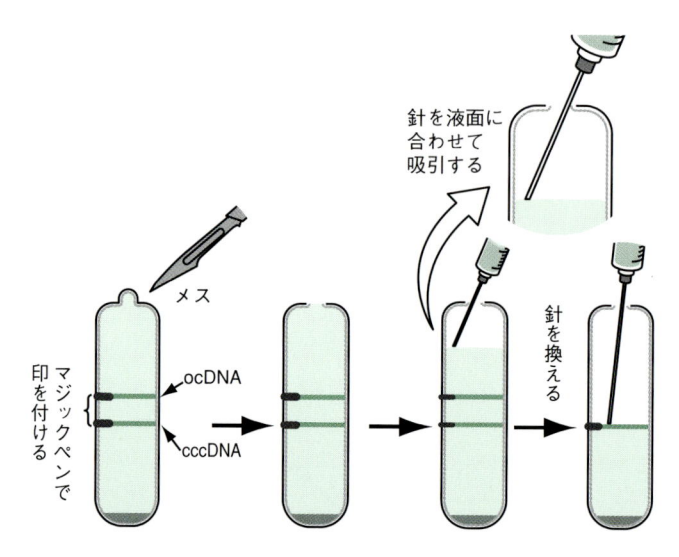

図1-7-3　cccDNAの採取2
あらかじめ上部をメスで切り，そこから針を入れてcccDNAまでを除去します．その後，針を換えてcccDNAを採取します．上部をメスで切る際にチューブのゆれに注意します

れ吸い込むと上のバンド（ocDNA）の混入を防げます（図1-7-2）．

B）吸引の仕方を工夫する場合

　2つのバンドは，カラムのように完全に別の場所にあるのではなく，溶液の中に密度の違いで存在しているのですから，勢いよく吸い込むと混入してしまいます．そのため，あらかじめ上層の一部を取り去った後にcccDNAを採取する方法もあります（図1-7-3）．

C）バーティカルローターを用いた場合

　バーティカルローターを用いた場合は，減速目盛りを"0"として行った方がチューブの壁についているocDNAの混入を防げます．これは，RNA抽出の際での遠心分離においても同じです．図1-7-4のように大量のRNAが混入している場合は，壁にRNAが赤く残る場合もあります．

▶プロトコール参照▶　「参考図書-A」第4章-1-2-3-B　ラージスケール（800m*l*）（p.67-72）

注：バンドを観察する際には，長波長のUV（365nm）にて観察しましょう．短波長では，DNAにニックが入ります．また，目を痛めますから実験者はゴーグルを着用しましょう．

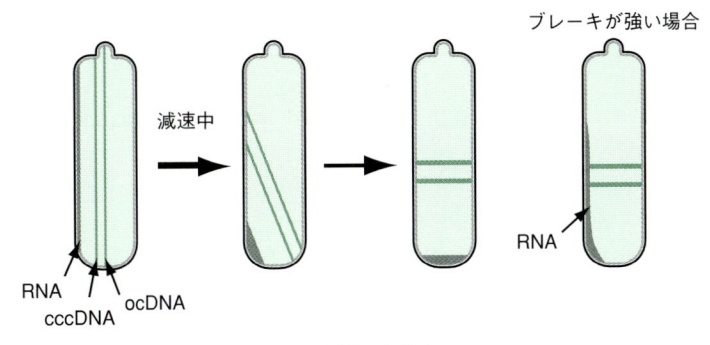

Case 1：クローン化したDNAからサブクローンを取る（サブクローニング）

図1-7-4 バーティカルローターを用いた場合
減速速度を下げて行わないと，壁に付いたRNAが混入します．絵を書いて考えれば当然です．ゆっくり減速しましょう

> **まとめ** 簡単な操作の問題ですが，注射針で採取する際には，チューブ内でどのようなことが起こっているかあらかじめ考えて行いましょう．

バイオ実験トラブル解決超基本 Q&A

8 Question

プラスミドを精製しているのですが，実験中にどこで止めてよいのでしょうか？

これは，トラブルというわけではありませんが，実験の際に付きっきりでできない場合があります．どこで止めたり，あるいは放置しておけるのかを覚えておくとよいでしょう．

Answer

アルカリ中和・遠心分離・エタノール沈殿中です．

考え方

❶ **実験のどの工程に重点をおいたらよいのでしょうか？**（→「プロトコールに忠実か」p.25）

実験はプロトコールに忠実に行わなければなりません．正確さが必要な工程とそれほどでもない工程を考えましょう．

対処 実験の原理を知る，試薬/検体の特徴を知る（→ p.32）・「精」と「粗」（→ p.44）

実験は，基本的には真剣なもので，始めたら最後まで注意して行わなければなりません．しかし，すべてを緊張して行ってはかえって効率が悪いです．長時間かけて大スケールで行う場合や小スケールでも数が多い場合は，どこで実験を休んだらよいか考えてみましょう．実験工程は，

❶ 集菌後グルコース・EDTA溶液添加（浸透圧ショック）
❷ アルカリ処理（溶菌）
❸ アルカリの中和（変性したDNAを再生）
❹ 遠心分離によるプラスミドDNAと，ゲノムDNA/細胞破片の分離
❺ RNase処理
❻ イソプロパノール沈殿，エタノール洗浄
❼ 水への溶解

さらに高純度DNAが必要な場合は
　❽ PEG沈殿
　❾ フェノールクロロフォルム抽出
　❿ エタノール沈殿
　⓫ 水への溶解
となります．
　DNAが壊れやすい工程がどこか確認しましょう．❶の工程では，大腸菌は集められ，浸透圧ショックを受けています．EDTAにてブロックしているが，DNaseは健在です．❷の工程では，アルカリによりDNaseは変性し作用しませんが，DNAは変性した状況で不安定です．❶，❷の時間は比較的正確に行いましょう．❸の状況では，中和していますから時間が延びても大丈夫です．この状態で1時間ぐらい放置しても大丈夫です．
　❹の遠心分離では，上清のプラスミドを取る工程ですから，長い時間遠心を行っても大丈夫です．❺～❿の工程も多少時間が延びても大丈夫ですが，エタノール沈殿の状態が一番安定です．この実験では，DNaseの働く工程とDNAが不安定な工程さえ押さえていれば，失敗はありません．他の実験や仕事と平行して行うことが出来ます．

▶**プロトコール参照**▶ 「参考図書-A」第4章-1-2-3　アルカリプレップ（p.65-72）

まとめ チューブ内で何が起こっているかをを頭において，正確に時間通り行わなければならない工程と，多少不正確でも問題ない工程を見分けましょう．

Question 9

ガラスビーズ法でDNA断片を精製したのですが，回収率が悪いです．どうしたらよいでしょうか？

Answer

アガロースが溶けていない可能性があります．溶かす時間を延ばし，さらにガラスビーズからの溶出を滅菌水で行いましょう．

考え方

❶ **回収率を悪くするにはどうするか？**（→「トラブルを起こす」p.16）

DNAがガラスに吸着しない状況が起こっているのではないか，調べてみましょう．

対処 実験の原理を知る，試薬/検体の特徴を知る（→p.32）・Cold Run（→p.41）

DNAは高塩濃度でガラスに吸着し，低塩濃度でガラスからはがれやすい性質があります．この原理を利用したのがガラスビーズ法で，これによりアガロースからDNAを精製できます[1]（図1-9-1）．アガロースは，制限酵素や連結酵素の反応を阻害しますので，しっかりとアガロースを除くことも大切です．まず，回収率が悪い可能性として，①DNAがゲルから溶出していない，②DNAがガラスに吸着しなかった，③ガラスに吸着したDNAが溶出しなかった，ということがあります．DNAは，高分子の状態で泳動中にゲル内を移動します．泳動終了後は，DNAはゲル中に留まっていますので，回収するためNaIでアガロースを溶解し，このDNAを溶出させます．PCR産物など小分子のDNAの場合は，3～5％のアガロースで泳動しますが，アガロースの溶解が不充分な場合はDNAは溶出されずDNAとガラスが接しにくくなり，結果としてDNAはガラスに結合せず回収はされません．

ガラスとDNAとの関係の場合は，ガラスの素材や，吸着・脱着の緩衝液イ

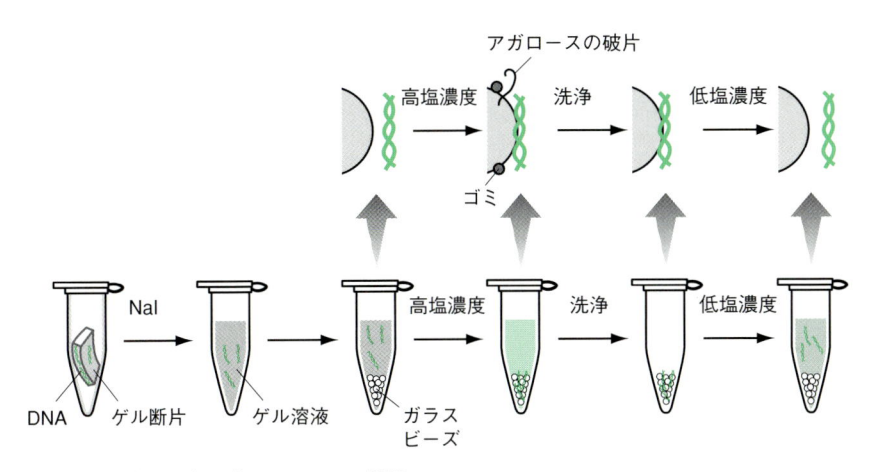

Case 1：クローン化したDNAからサブクローンを取る（サブクローニング）

図1-9-1　ガラスビーズによるDNAの精製
塩濃度の違いによりDNAはガラスに吸着・脱着します．アガロースは，DNA断片の制限酵素処理やライゲーションの阻害剤ですから洗浄は充分に行いましょう．また，遠心後しっかりと洗浄液を除きましょう

図1-9-2　ハンディータイプトランスイルミネータ
フナコシ薬品取り扱い

オン強度の問題があります．これは，DNAのみを吸着させ溶出させてみればわかります．［GeneClean（Q Biogene：フナコシ）キットを用いると100％近くが回収できます．つまり，回収率が悪い場合は，ゲルの溶解の問題が大きいでしょう］

また，大量にDNAを回収したい場合は，ゲルの横幅を広くして泳動し，エネルギーが低い長波長（365nm）のハンディータイプのトランスイルミネータ（図1-9-2）でバンドを確認しながらメスで切り出します（図1-9-3）．この際，バンドをできるだけ薄く切りましょう．これは，アガロースの混入を最小限にするためです．DNAは紫外線照射で切断されたりゲルの凍結融解で切れる場合がありますから，手早く行いましょう．あらかじめ，メスで操作の練習をすると手早くできます．

NaIを加えた後にアガロースの溶解状態を肉眼で確認し，充分に溶けていない場合は，時間を3〜15分程度まで延ばしましょう．また，キットには，

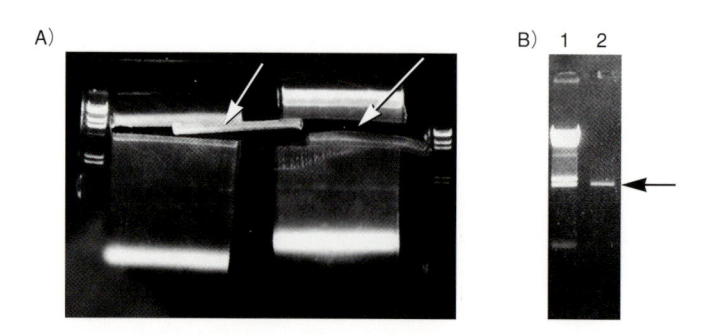

図1-9-3 横幅を広くして泳動したゲル
横幅を広くして泳動した場合は，アガロースの混入を防ぎゲルの溶解を促すためにできるだけ薄くゲルを切りましょう．
A）横幅を広くして電気泳動を行い，メスで目的バンドを切り出したところ
B）精製後の電気泳動像（レーン1：マーカー，レーン2：精製DNA切断）

GeneCleanの他に低分子DNA精製用のMERmaid（Q Biogene：フナコシ）が別に市販されていますから，使用するキットの範囲もよく確認しましょう．

筆者が用いているゲル

　1kbp以下低分子（PCR産物など）：Nusieve 3:1 agarose（BMA，TAKARA）

　1～8kpbの高分子（サブクローニング用のインサートDNA）：Agarose ME（BMA，TAKARA）

　緩衝液：0.5または1×TAE（40mM Tris/Acetate pH7.8, 1mM EDTA）
　　TBE緩衝液は，ホウ酸がライゲーションを阻害する恐れがあるために用いない．精製DNA断片は，サブクローニングのベクターやインサートの場合が多いためライゲーション阻害は避けなければならない．

＜参考文献＞

1）Vogelstein, B & Gillespie, D. : Preparative and analytical purification of DNA from agarose. Proc. Natl. Acad. Sci. USA., 76 : 615-619, 1979

▶プロトコール参照▶　「参考図書-A」第7章-2-5-1　GENECLEANを用いる方法（p.150-152）

まとめ 原理を確かめ，反応系でどのようなことが起こっているのか確かめましょう．また，キットを用いる場合は，キットの使用できる範囲を認識しましょう．

Case 1：クローン化したDNAからサブクローンを取る（サブクローニング）

10 Question

リンカーを付けた後にDNA断片を制限酵素処理してサブクローニングしたところ，予想よりも小さい断片になってしまいました．どうしてでしょうか？

Answer

目的DNA断片中に制限酵素切断部位がある可能性があります．制限酵素地図を確認しましょう．

考え方

❶ どうすれば小さくなるか？（→「トラブルを起こす」p.16，「先入観の排除」p.25）

どうすれば目的DNA断片が切れてサブクローニングされないかを考えましょう．

対処　実験の原理を知る，試薬/検体の特徴を知る（→ p.32）・プロトコールの作製（→ p.38）

目的DNA断片中に制限酵素切断部位があるため，DNA断片の途中で切れた可能性があります．

各ステップで確認しましょう．

まず，DNA断片の情報（マップ）を見てみましょう．Isoshizomerを含め，切れるサイトを確認しましょう．図1-10-1の場合は，DNA断片中に Sst I サイトがありますが，これはリンカー中のサイトである Sac I のIsoshizomerです（→「表1-3-1」p.62）．このためにDNA断片は切れたのでしょう．DNA断片を事前に，あるいはリンカーの連結後に酵素で切った際，電気泳動で確認すれば判明したはずです．実験のステップごとに確認する手段も考えておきましょう．また，実験ステップごとの確認のためのプロトコールは作っておきましょう．

このような場合は，目的DNA断片をメチル化するか制限酵素の量を半分にし，さらに処理時間を短くして部分消化した状態で連結させましょう．

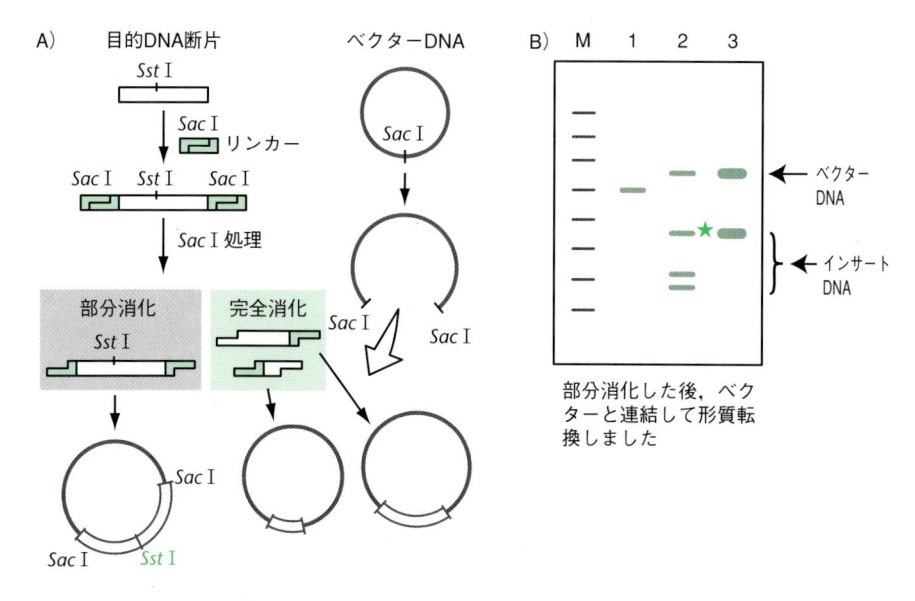

図1-10-1　部分消化したDNA断片のサブクローニング
　A）DNA断片とベクターDNAとの連結．DNA断片をSacIにて完全消化した場合は，リンカー並びにSstIサイトで切れた短いDNA断片がベクターと連結します．一方，部分消化されSstIサイトでは切れなかった場合は，両端にSacIサイトをもつDNA断片がベクターと連結します．
　B）両端にSacIサイトをもつDNA断片をサブクローニングしたクローン化プラスミドDNAの制限酵素処理．
　M：マーカー，レーン1：制限酵素未処理プラスミドDNA，レーン2：SacI消化（部分消化），レーン3：SacI処理予想パターン．
　両端にSacIサイトをもつDNA断片のみがサブクローニングされると，レーン3のようにベクターとインサートDNAのバンドが検出されるでしょう．レーン2の★印のバンドは，両端にSacIサイトをもつDNA断片（部分消化DNA断片）です．低分子量側の2つのバンドは，完全に消化されSstIサイトでも切断されたDNA断片です

▶プロトコール参照▶　「参考図書-A」第5章-2-5　インサートDNAの修飾・改変（p.109-119）

まとめ　リンカーの連結後に消化状況を電気泳動で確認すれば，マップの見落としも補えたでしょう．実験のステップごとに状況を確認する手立てをもって実験しましょう．

Case 1：クローン化したDNAからサブクローンを取る（サブクローニング）

11 Question

スリーピースライゲーションを行ったのですが，連結できませんでした．どうしたらよいでしょうか？

Answer

ライゲーションの条件を確認するとともに，ツーステップで連結することも検討しましょう．

考え方

❶ どうしたら連結できなくなるのか？ 連結しても方向がわからなくなるのか？（→「トラブルを起こす」p.16）

連結効率を上げる条件や，連結後インサートの方向がわかるようにする方法を考えましょう．

対処　実験の原理を知る，試薬/検体の特徴を知る（→ p.32）

ツーピースのライゲーションはできるがスリーピースは上手くできないという場合がよくあります．ベクターDNAに2つのDNA断片を挿入するスリーピースライゲーションの目的は，2つのDNA分子をキメラ分子として挿入したり，プロモータなどの調節配列とタンパク質をコードしている配列を挿入する場合などです．これらの実験の際には，インサートの方向が問題となりますので，方向付けができるようにしなければなりません．できるだけインサートの切り口が異なる制限酵素部位を使いましょう（図1-11-1）．

ベクター・インサートともにDNA断片の長さにかかわりなく，最終濃度約10fmol/10μl程度で仕込むのがよいでしょう．これは，質量に換算すると10fmol＝約6ng（1kbp），約60ng（10kbp）です．

また，切り口にブラントエンドが含まれている場合は，T4 DNAリガーゼの量を2～4倍に増やした方が連結効率が上がります．（→「Q12」p.85）

コンピテント細胞は，RbClを用いたHanahan法よりも従来のCaCl法の方が確実です．形質転換効率ではHanahan法の方が優れていますが，CaCl法の方

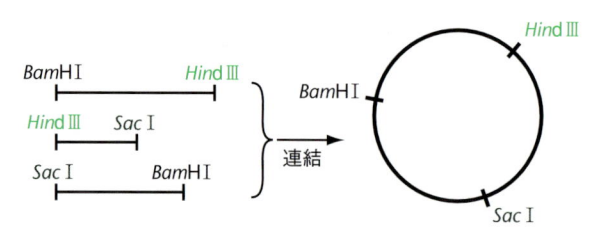

図1-11-1 切り口が異なる制限酵素断片をもつDNA断片どうしの連結（スリーピースライゲーション）

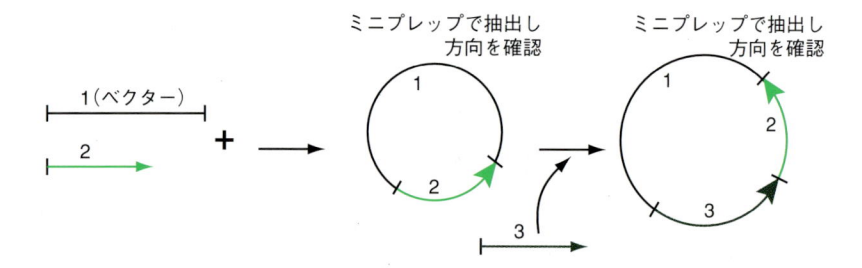

図1-11-2 ツーステップで行うスリーピースライゲーション
始めに，ベクター（1）と1つのDNA断片（2）を連結させる．ミニプレップにて組換え分子中のインサートの方向を確認した後，もう一方のDNA断片（3）を連結させます．最終的にインサートの方向を確認して完成です

が実験に不慣れな人の場合でも調製の再現性が高く，確実に成功します（16％グリセロール中にて−80℃保存可能）．また，コロニーを多く作らせ，いっぱい播いて確率をあげる必要もあります（→「Q14」p.89）．複数のプレートに播いて，20個以上のコロニーを拾うようにしましょう．しかし，どうしても上手く行かない時は，ツーステップで行った方がよいかもしれません．まず，ベクターに1つのDNA断片をサブクローニングした後，もう1つのDNA断片をサブクローニングします（図1-11-2）．この際，各ステップごとにミニプレップにて抽出した組換え分子中のインサートの方向を確認します（→「Q18」p.100）．

まとめ 3つのDNA断片ともに最終濃度が等量になるよう仕込みましょう．また，ブラントエンドが含まれる場合は，リガーゼの量を増やしましょう．

Case 1：クローン化したDNAからサブクローンを取る（サブクローニング）

12 Question

ブラントエンドライゲーションの効率が低いのですが，どうしたらよいでしょうか？

Answer

反応時間を一晩に延ばしましょう．また，DNA断片を再精製することも考えましょう．

考え方

❶ **どうすれば効率が低くなるのでしょうか？**（→「トラブルを起こす」p.16,「先入観の排除」p.25,「サンプルの確認」p.26）

　試験管内でどのような反応が起こっているのか考えてみましょう．また，その反応を阻害したり促したりする物質は何か調べましょう．

対処　実験の原理を知る，試薬/検体の特徴を知る（→ p.32）・コンタミ（→ p.43）

　反応系を阻害する因子を反応条件に分けて考えます．

1 反応系を阻害する因子

　インサート用のDNA断片の精製純度や，ベクターを自分で精製している場合はベクターDNAの精製純度，市販のベクターを使用している場合は保存状況の確認などがまず必要でしょう．コヘシブエンドでは，あらかじめ水素結合したDNAフラグメントの5′-リン酸基と3′-OH基がリガーゼによって連結します．しかしブラントエンドでは，2つのDNA断片が出会い連結しなければならず，連結の確率が落ちます．

　そこで，まずはDNA断片の純度が充分かどうか確認します．末端にタンパク質が結合していれば，連結できません．DNA断片の精製度に問題がある可能性もありますから，フェノール抽出・エタノール沈殿により再精製します．DNA断片が充分量ある場合は，A260/A280を測定し，値がどの程度になっているか確認しておけば安心です．その他，ライゲーション反応を阻害する因

85

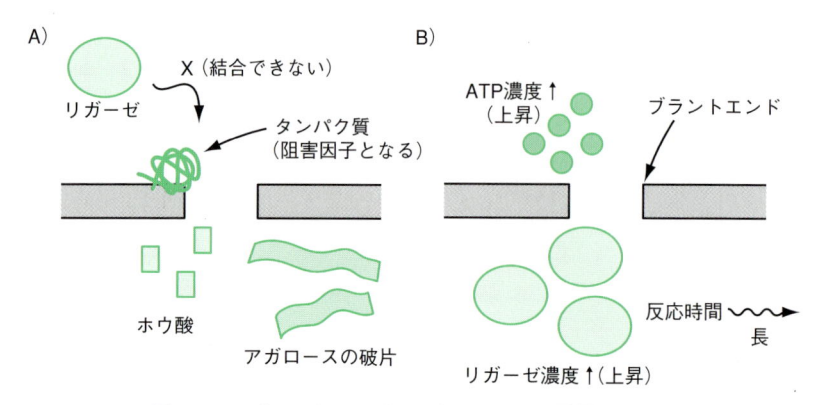

図1-12-1 ブラントエンドライゲーションに影響する因子
A）反応系を阻害する因子，B）反応を促す要因

子として，アガロースの断片，ホウ酸などがあります．インサートDNA断片を精製する際はTAE系で電気泳動を行い，ガラスビーズ法などアガロースの混入が少ない方法で行うことが最低必要でしょう（図1-12-1A）．

2 反応条件

反応系では，ベクターに対しインサートDNAの塩基対数が半分以下ならば，重量比を同量程度に調製して行います．結果としてモル比でベクターに対しインサートが多くなります（脱リン酸化が不充分なベクターがあった場合でも，インサートDNAが入りやすくなります）．

DNAの純度に問題がなくT4 DNAリガーゼの量を2～4倍に増やすとします．また，この反応はエネルギーを必要としますので，ATPの濃度を高めたり，反応時間をオーバーナイトにすることも必要でしょう（図1-12-1B）．

メーカーごとにキットに指定がある場合があります．例えば宝酒造のキットでは，プラスミドなど環状DNAの連結キットとリンカーなど直鎖状のDNA連結キットなどが分かれています．一方，PCR産物の場合はTAクローニングで行う方法が一般的ですが，ライゲーション効率が低くPCR反応でAが充分付加されていない疑いがある時は，端を削った後にベクターの*Sma* Iサイトなどにブラントエンドライゲーションした方がよいこともあります．

▶**プロトコール参照**▶ 「参考図書-A」第5章-2-4 ライゲーション（p.109）

まとめ DNA断片の精製度が影響する場合もあります．どうしても上手くいかない場合は，再精製しましょう．

Case 1：クローン化したDNAからサブクローンを取る（サブクローニング）

13 Question

形質転換効率が安定しないのですが，どうしてでしょうか？

CaCl法で形質転換の効率が悪いので市販のコンピテント細胞を用いました．しかし，実験者によってデータが安定しません．

Answer

コンピテント細胞を扱う際に，氷中に静置することを確実に行いましょう．

考え方

❶ **どうしたら形質転換効率が下がるのか？**（→「プロトコールに忠実か」p.25）

実験の各工程で，不安定要因をチェックしましょう．

対処 実験の原理を知る，試薬/検体の特徴を知る（→ p.32）・「精」と「粗」（→ p.44）

コンピテント細胞とは，塩化カルシウムで処理することにより細胞膜や細胞壁の透過性が変化，もしくはCa^{2+}を介してプラスミドDNAが細胞に接触しやすい状況になり，プラスミドDNAが細胞内に入りやすくなった大腸菌です（図1-13-1）．コンピテント細胞の調製方法として，サブクローニングで用いる大腸菌K12株のJM109やHB101では，CaCl法にて調製を行います[1]．また，DH5などを用いた場合，Hanahan法（RbCl法）[2]の方が形質転換効率はよいのですが，調製に慣れないとバラツキが大きくなることもあります．実験に慣れていない場合は，市販のコンピテント細胞を用いる方がよいでしょう．

1 温度による実験の安定性

コンピテント細胞（大腸菌）の膜は，温度により流動性が変わり外部の物質を取り込みやすくなり，熱処理（42℃）でプラスミドDNAを取り込めます（図1-13-1）．温度により菌の安定性が変わるために，実験中は菌を低温（2～8℃）の冷蔵条件に保っておくことが大切です．低温に保つ方法としては，氷の表面にアルミホイルを置き，そこに穴を開けて放置する方法や，氷水に浸け

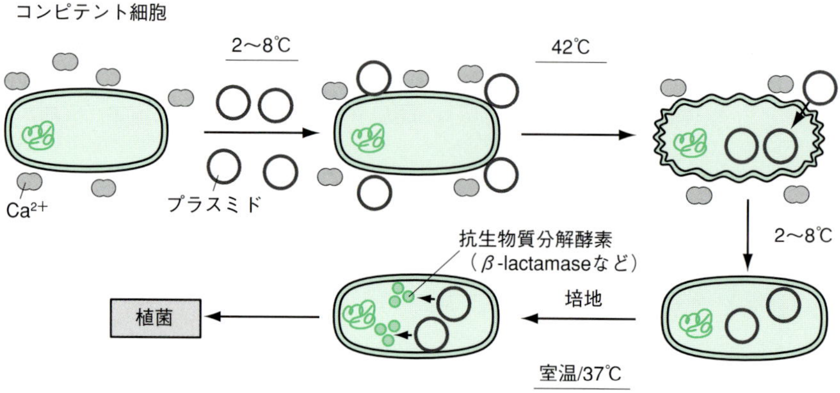

コンピテント細胞

図1-13-1　コンピテント細胞による形質転換

る方法などが効果的です．

　特に，細胞を懸濁するために撹拌する工程やプラスミドを添加する際の工程ではよく撹拌する必要がありますが，その際は，すばやく撹拌し氷中に戻すように心がける必要があります．また，ヒートショックの過程は，氷中→インキュベータ→氷中と，温度が極端に変わることで膜の流動性が変わり，プラスミドが細胞内に入るという物理的な反応です．この際も，氷中にしっかりと浸しておくことを忘れないようにしましょう．

2 抗生物質耐性遺伝子が充分に発現していない

　形質転換の最後に培地を加え，室温もしくは37℃で30分程度放置します．これは，抗生物質耐性遺伝子を充分に発現させるためです（図1-13-1）[例えば，Amp^rをもつpUCなどのプラスミドならばアンピシリン分解酵素（β-lactamase）を発現させる工程です］．この工程をおざなりにすると耐性が得られず，抗生物質を含む培地で生育が極端に悪くなることがあります．

　また，大量に安定した形質転換を望む場合は，エレクトロポーレーションがよいでしょう．初めに条件を決めてしまえば，問題なく実施できます．

<参考文献>

1) Mandal & Higa : Calcium-dependent bacteriophage DNA infection. J. Mol. Biol., 53 : 159-162, 1970
2) Hanahan, D. : Studies on transformation *Eschericia coli* with plasmids. J. Mol. Biol., 166 : 557-580, 1983

▶プロトコール参照▶　「参考図書-A」第4章-1-5-1　コンピテントセルの作製／2　形質転換（p.76-82）

まとめ コンピテント細胞を常に氷に浸しておくことが重要です．

Case 1：クローン化したDNAからサブクローンを取る（サブクローニング）

14 Question

サブクローニングを行ったのですが，コロニーが全くできませんでした．どうしてでしょうか？

pUC19に1kbpのDNA断片をサブクローニングしたところ，コロニーが全く観察できなかった．

Answer

全くできないというのは，形質転換や菌自体に問題があります．

考え方

❶ **どうすればコロニーはできないのか？コントロール実験は何でしょうか？**
（→「トラブルを起こす」p.16，「コントロールを探す」p.21）
関与した材料の状況を，おのおのチェックしましょう．

対処　実験の原理を知る，試薬/検体の特徴を知る（→ p.32）・コントロールの設定（→ p.35）

サブクローニングに用いるプラスミドには，抗生物質耐性遺伝子が含まれています．培地には抗生物質が入っていますから，プラスミドが導入されなければ抗生物質耐性はありませんので生えてきません（図1-14-1D）．なぜプラスミドが導入されないのか，実験ステップごとに可能性を調べましょう．

1 ライゲーション効率が悪かった

ライゲーション効率が悪い場合でも，脱リン酸化できなかったプラスミドのセルフライゲーションが起こり，切れ残りのプラスミドのために多少はバックグラウンドとしてコロニーが観察されるはずです（図1-14-1B）．しかし，ライゲーションの状態も悪くプラスミドの量も少なかった場合は，コロニーはできません．

ベクターとインサートの比は，コヘシブエンドの場合は，モル比で1：2〜3程度，ブラントエンドの場合は，モル比で1：1〜2程度を目安として量を

89

	A	B	C	D	E	F
抗生物質（アンピシリン）	+	+	−	+	+	−
ライゲーション反応液（組換えプラスミド）	+	−	−	−	−	−
脱リン酸化プラスミド（ベクターDNA）	−	+	−	−	−	−
コントロールプラスミド（pBR322）	−	−	−	−	+	−
コンピテント細胞	+	+	+	+	+	−

図1-14-1　形質転換とコントロール実験
　　A vs B：形質転換体とバックグラウンド
　　A-B vs C：プレート当りの菌数に対する形質転換体
　　C vs D：生きている大腸菌の存在と抗生物質耐性確認
　　D vs E：コンピテント細胞形質転換能の検定
　　F：無菌操作の確認

振った実験を試みるとよいでしょう．

2 加えた組換えプラスミドの量が少なかった

　形質転換させた大腸菌はすべて播いてみて，組換えプラスミドが導入された大腸菌があるかどうか調べましょう（図1-14-2）．
　原料のプラスミドやDNA断片の量を再確認しましょう．また，A260の値ならびにA260/A280などを再測定してプラスミドDNAの品質を調べましょう．コンピテント細胞100μl（通常のCaCl法で調製して5×10^7個程度）当りに0.1ng（容量は20μl以下）程度を中心に，仕込み量を振ってみるとよいでしょう．

3 大腸菌（コンピテント細胞）の状態が悪かった

　抗生物質を含まない培地に大腸菌を植えたコントロールと比較してみましょう（図1-14-1 C vs D）．これで増えていなければ大腸菌の状態が悪かったのです．
　また，自作のコンピテント細胞の場合は，同じロットを使用した他のデータと比べてみましょう．
　さらにpUC18やpBR322などをコントロールとして形質転換効率を測定し，菌の状態を確認しましょう（図1-14-1 D vs E）．
　CやEで菌が生えているので，コンピテント細胞の状態は悪くありません．

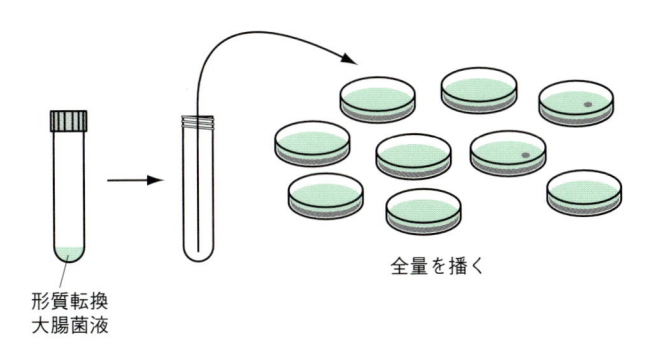

Case 1：クローン化したDNAからサブクローンを取る（サブクローニング）

図1-14-2　形質転換大腸菌
形質転換大腸菌液

全量を播く

1種類のインサートによるサブクローニングの場合は，形質転換大腸菌液の一部を播けば，形質転換大腸菌が得られます．しかし，コロニーが出ない場合は形質転換した大腸菌液の全量をプレートに播き，形質転換の有無を確認します

4 抗生物質耐性遺伝子が充分に発現していない（→「Q13 2」p.88）

形質転換の最後に培地を加え，室温もしくは37℃で30分程度放置し，抗生物質耐性遺伝子を充分に発現させます．このプロセスが不充分な場合，抗生物質を含む培地で生育が極端に悪くなることがあります．

▶**プロトコール参照**▶　「参考図書-A」第4章-1-5-1　コンピテントセルの作製／2　形質転換（p.76-80）
　　　　　　　　　「参考図書-A」第5章-2-4　ライゲーション（p.109）

まとめ　菌の状態を確かめましょう．また，プラスミド量も確かめましょう．

Question 15

*lacZ*系を用いてカラーセレクションによるサブクローニングを行ったところ，青色のコロニーしかできませんでした．念のためこのコロニーからプラスミドを抽出しましたが，インサートが入っていません．どうしてでしょうか？

　pUC19の*Eco*RⅠ/*Hind*Ⅲサイトに挿入したが，インサートが入っていない．異なる制限酵素部位なので脱リン酸化は不要のはずなのに．

Answer

精製して切れていないベクターや，ベクターの*Eco*RⅠ/*Hind*Ⅲ切断断片を除きましょう．さらにインサートの比率を上げてライゲーションすると効果的です．

考え方

❶ どうすればインサートが入らないようになるのか？コントロール実験は何か？（→「トラブルを起こす」p.16，「コントロールを探す」p.21）

　青いコロニーが出ているということは，ベクターがそのまま大腸菌に導入されたのではないでしょうか．

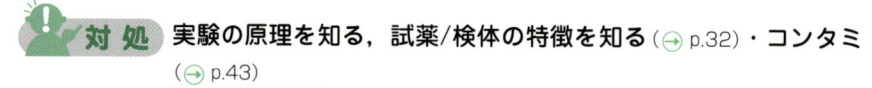

対処　実験の原理を知る，試薬/検体の特徴を知る（→ p.32）・コンタミ（→ p.43）

　1つの制限酵素で切断したベクターの場合，脱リン酸化が不充分な時にセルフライゲーションが起こり，インサートが入らない場合があります（図1-15-1A）．また，切れなかったベクターが残っている可能性もあります（図1-15-1B）．

　この事例の場合は，ベクターDNAを2種類の酵素で切った際にできる短い断片が残っており，その断片によってセルフライゲーションした可能性があります．さらに，インサートに比べベクターの比率が高くなり，インサートが挿入されずにベクターとベクターの断片がライゲーションしやすい状況となって

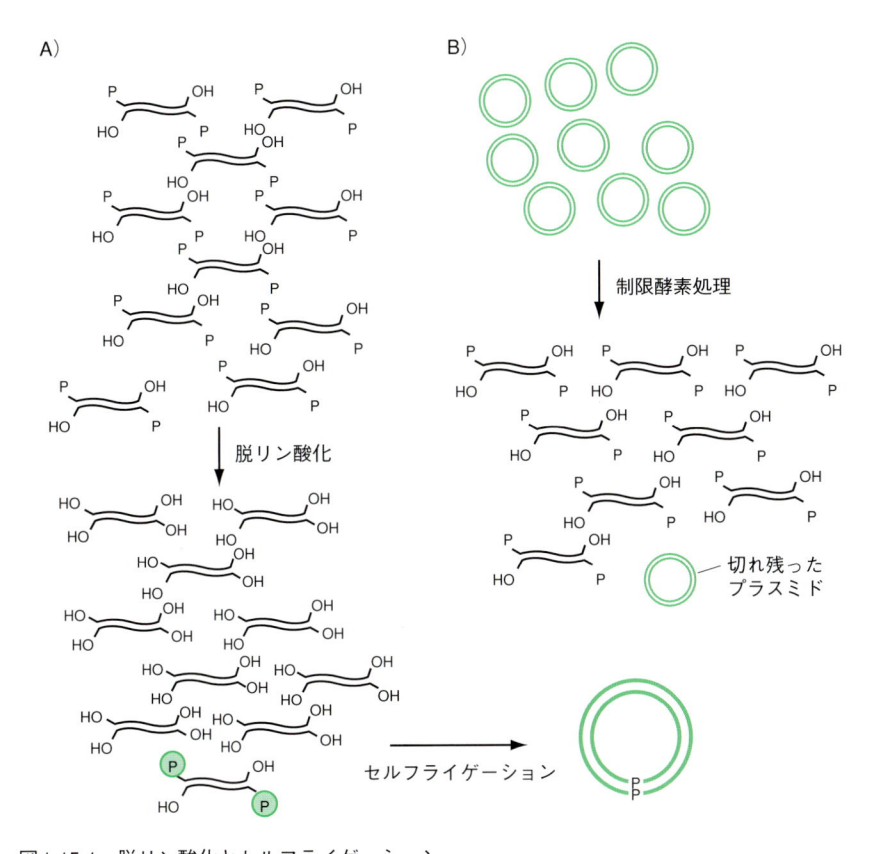

Case 1：クローン化したDNAからサブクローンを取る（サブクローニング）

図1-15-1　脱リン酸化とセルフライゲーション
A）脱リン酸化が不充分な場合のセルフライゲーション，B）制限酵素処理での切れ残り

いる可能性があります．
　異なる制限酵素で切断し両端が異なる場合は，セルフライゲーションはしないはずです．しかしベクターの断片が反応系に含まれている場合は，脱リン酸化しないとその断片と再結合する可能性があります．電気泳動で断片ならびに切れていないベクターDNAをしっかり除いた上で使用する必要があるでしょう．さらにインサートの比率を上げてライゲーションすると効果的です．異なる制限酵素でベクターを切断した際に脱リン酸化が不要なのは，あくまでも切断したベクターが精製されていることが前提です（図1-15-2）．
　*LacZ*系でのサブクローニングでは，ある程度の青色コロニーがバックグラ

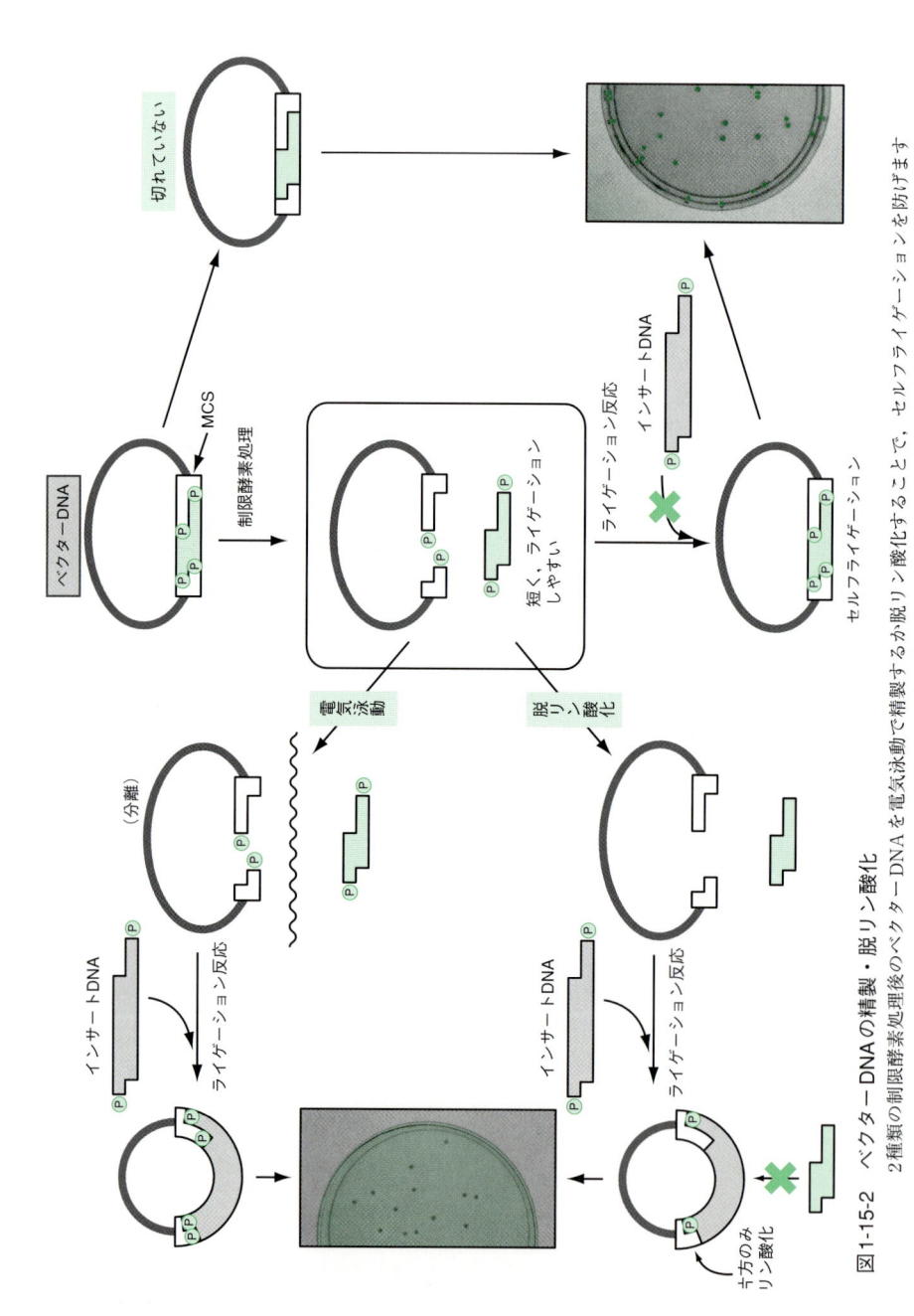

図1-15-2 ベクターDNAの精製・脱リン酸化
2種類の制限酵素処理後のベクターDNAを電気泳動で精製するか脱リン酸化することで、セルフライゲーションを防げます

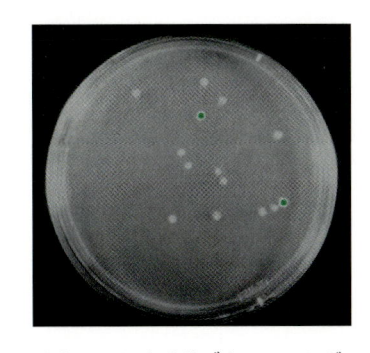

Case 1：クローン化したDNAからサブクローンを取る（サブクローニング）

図1-15-3　カラーセレクションによるサブクローニング
通常のサブクローニング形質転換コロニーである白色コロニー（●）の中に，青色コロニー（●）がバックグラウンドとしてみられます

ウンドとして観察されます（図1-15-3）．また，発現ベクターの場合は，発現産物にバクテリアに対する毒性があり，産物を産生したバクテリアは死滅してしまった可能性もありうるので，発現系の場合は産物の性質を確かめましょう．

▶プロトコール参照▶　「参考図書-A」第5章2-7-4　カラーセレクション（p.122-124）

まとめ　切れていないベクターの混入ならびにベクターの断片の混入を防ぎましょう．

16 Question

ミニプレップで抽出したプラスミドが制限酵素で切れませんでした．どうしたらよいでしょうか？

Answer

もう一度フェノール抽出をして除タンパク質操作を行いましょう．

考え方

❶ 制限酵素で切れなくするには？（→「トラブルを起こす」p.16,「プロトコールに忠実か」p.25）

制限酵素の反応阻害の原因を考えましょう．さらに，ミニプレップにおける原因を調べましょう．

対処　実験の原理を知る，試薬/検体の特徴を知る（→ p.32）

制限酵素処理で切れない原因として，以下の場合があります．
1 DNAにタンパク質が結合していて制限酵素反応を阻害している
2 バクテリアの成分に制限酵素の阻害物質がある
3 EDTAが大量に混入している
4 フェノールが残っている
5 エタノールが残っている

これらは，フェノール抽出・エタノール沈殿を再度行うことにより回避できます．特にフェノールの混入が考えられる場合は，まず臭いを嗅いでみましょう．多少なりともフェノール臭がある場合は，フェノールの混入が考えられます．この場合は，Phenol/CIA注で抽出することにより，フェノールの切れがよくなります．

注：水飽和フェノール：CIA = 1：1の液のこと．
　　CIAとはChroloform：isoamylalcohol = 24：1の液

Case 1：クローン化したDNAからサブクローンを取る（サブクローニング）

（→「第1章　1．バイオ実験トラブル突破の方法とは何でしょうか？①トラブルを起こす」p.16）

切れないからとさらに酵素を加えると，今度は切れ過ぎる場合があります．これはスター活性のためです．スター活性は，制限酵素の特異性が薄れて非特異的な切断が起こることを言います．5％以上のグリセロールやDMSOなどはスター活性を促進しますので，濃度に注意しましょう．実際には，市販の制限酵素溶液には50％グリセロールが含まれておりますので，制限酵素の容量を反応溶液の10％以内に押さえるようにします．（→「Q3」p.61）

▶**プロトコール参照**▶　「参考図書-A」第4章-1-3-A　ミニスケール（2m*l*）（p.65-67）

まとめ　制限酵素で切れない時は，サンプルDNAの精製度が低く阻害物質が存在していると考えましょう．

バイオ実験トラブル解決超基本 Q&A

17 Question

ミニプレップ精製プラスミドにゲノムDNAのコンタミがあります．精製方法に問題があるのでしょうか？

Answer

ゲノムDNAのコンタミがあっても，インサートの確認には問題ありません．

考え方

❶ **ミニプレップとは？**（→「プロトコールに忠実か」p.25）
ミニプレップの実験目的を考えてみましょう．

対処 実験の原理を知る，試薬/検体の特徴を知る（→ p.32）・コンタミ（→ p.43）

まず，精製したプラスミドDNAをアガロースゲル電気泳動にて検定すると図1-17-1Aに示すようなバンドが検出されます．これらのバンドには，閉環状プラスミドDNA（cccDNA）の他に，ゲノムDNA，RNAそしてニック[注]が入ったプラスミドDNAが含まれます．この実験は，高純度のDNAを精製することでしょうか？実験の目的は，サブクローニングの後にインサートが入ったかどうかを確かめることです．このため，ゲノムDNAが混入していても問題はありません．コンタミしたゲノムDNAは，制限酵素で分解し，スメアー状になりバックグラウンドとなりますが，大量に存在するプラスミドのバンドははっきりと見えるはずです（図1-17-2）．

プラスミドのミニプレップ方法にもいろいろあります．ミニプレップ後にシ

注：切れ目．菌を壊す際もしくは実験中にDNaseで少し分解したプラスミドDNA（開環状DNA：ocDNA）のことを言います．図1-17-1Bのように複数の場所にニックが入っている場合があります．両方の鎖の同じ場所にニックが入ると直鎖状のDNA（linear DNA）となってしまいます．

Case 1：クローン化したDNAからサブクローンを取る（サブクローニング）

図1-17-1　精製プラスミドの分子状態
A) アガロースゲル電気泳動での分析
レーン1：ゲノムDNA，ニックが入ったプラスミドDNA，RNAが混入したDNAサンプル
レーン2：制限酵素処理で直鎖状にしたプラスミドDNAサンプル
B) ニックと環状DNAの状態

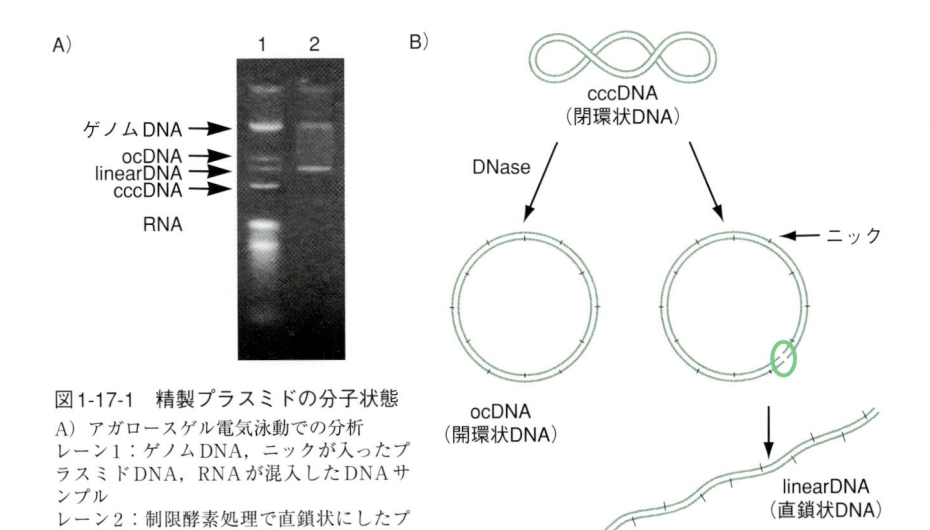

図1-17-2　ゲノムが混入したプラスミドDNAの制限酵素処理
ゲノムDNAはスメアーなバンドになりますが，インサートの確認は可能です．●印がインサートのバンド
レーン1：マーカー，レーン2：制限酵素処理後，レーン3：未処理

ークエンス反応などをすぐに行いたい場合は，ポリエチレングリコール（PEG6000）を用いたPEG沈殿法などがよいでしょう．ただし，ベクターの配列に対するプライマーはゲノムDNAとはアニールしないので，ゲノムの混入も理屈の上ではシークエンシングに影響しないはずですが，実際に行うと純度のよいテンプレートDNAの方が反応はよいようです．

▶**プロトコール参照**▶　「参考図書-A」第4章-1-3-A　ミニスケール（2ml）（p.65-67）

　　　　　　　　　　「参考図書-A」第4章-1-3　ポリエチレングリコール（PEG）によるプラスミド精製（p.72-73）

まとめ インサートの確認ならばゲノムがコンタミしていても問題ありません．

18 Question

ベクターにインサートを挿入しサブクローニングしたのですが，インサートDNA断片の向きがわからなくなってしまいました．どうしたらよいでしょうか？

Answer

切断すると非対称な大きさになる制限酵素部位を探し，その酵素で切ることにより判定しましょう．

考え方

❶ **向きが逆だとどのようなことが起こるか考えましょう**（→「トラブルを起こす」p.16）

ベクターならびにインサートの制限酵素地図をよく見て，向きが逆だとどのようになるか考えてみましょう．

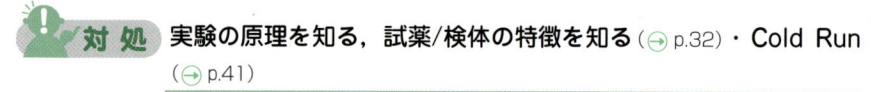

対処 実験の原理を知る，試薬/検体の特徴を知る（→ p.32）・Cold Run（→ p.41）

インサートの両端が異なる末端である場合は，一方向でしかDNA断片が挿入できないため方向が決まります．しかし，両端が同じコヘシブエンド，もしくは両端がブラントエンドの場合は，挿入後，制限酵素で切断評価して向きがわかるようにする必要があります．逆向きのチェックができるような系にしておきましょう．

図1-18-1は，ブラントエンドのインサートをベクターに連結する場合の図です．インサート内で切断された際に左右の断片が非対称でベクターには存在しない制限酵素部位を探しておきましょう．図1-18-1Aでは，左右非対称でベクター中にない制限酵素部位である*Bst*EⅡがこれにあたります．

1 探し方

❶ インサートのシークエンシングデータから，DNASISなどのソフトを用

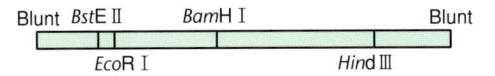

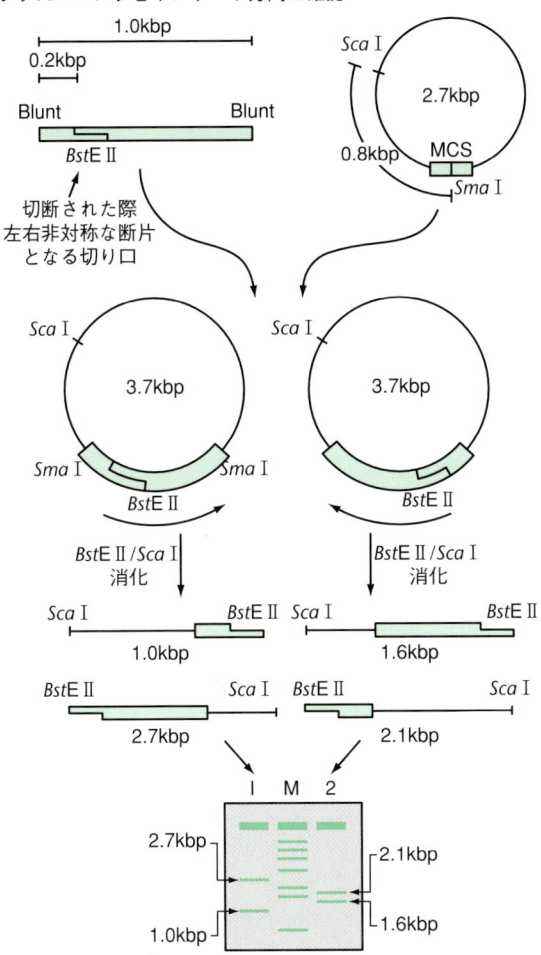

Case 1：クローン化したDNAからサブクローンを取る（サブクローニング）

A) インサートDNAの制限酵素地図

```
Blunt  BstEⅡ    BamHⅠ           Blunt
              EcoRⅠ        HindⅢ
```

BamHⅠ, EcoRⅠ, HindⅢ → ベクターに切断部位有り
BstEⅡ → ベクターに切断部位無し

B) サブクローニングとインサート方向の確認

図1-18-1　インサートDNA内部の制限酵素部位を利用したインサート方向の確認

A)

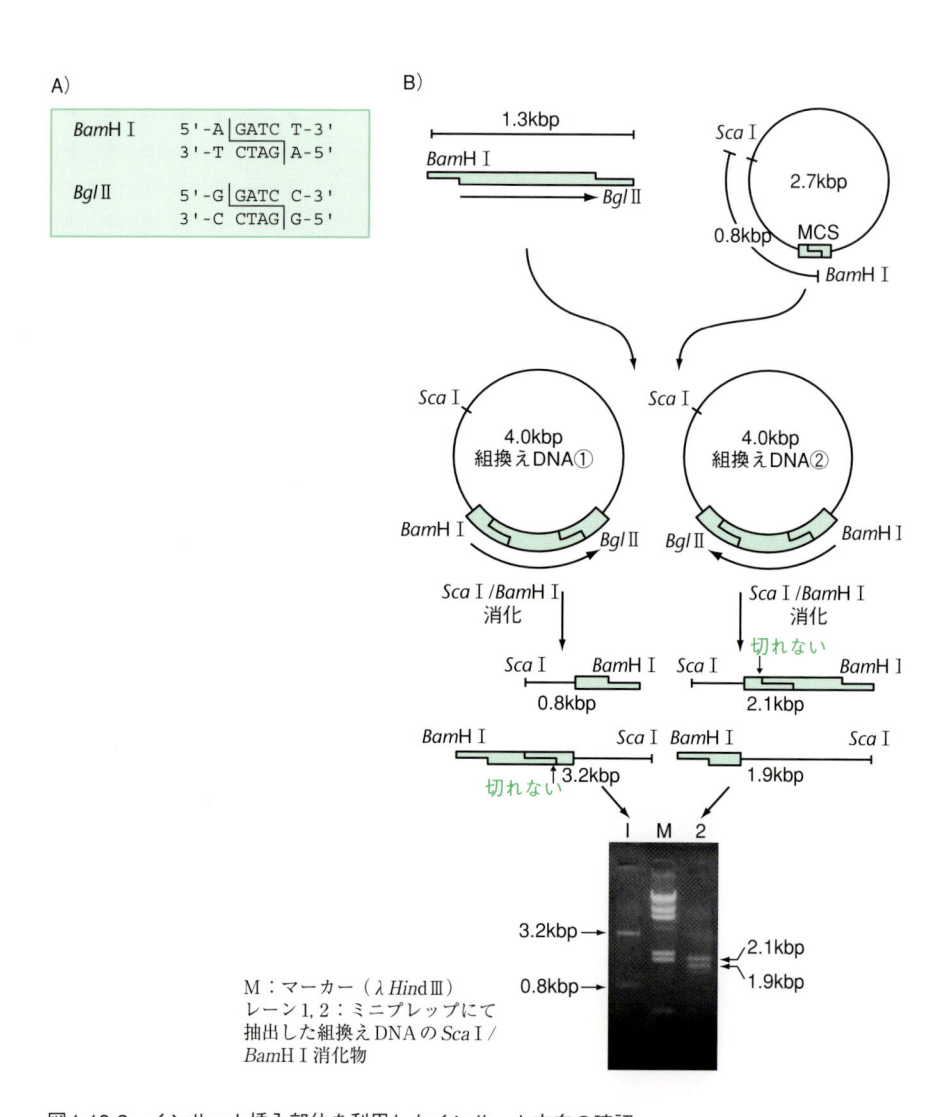

```
BamH I    5'-A|GATC  T-3'
          3'-T  CTAG|A-5'

Bgl II    5'-G|GATC  C-3'
          3'-C  CTAG|G-5'
```

B)

図1-18-2 インサート挿入部位を利用したインサート方向の確認
　　　　レーン1のサンプルには組換えDNA①が，またレーン2のサンプルには組換えDNA②が含まれていることがわかります

M：マーカー（λ HindⅢ）
レーン1, 2：ミニプレップにて抽出した組換えDNAのSca I / BamH I 消化物

Case 1：クローン化したDNAからサブクローンを取る（サブクローニング）

いて制限酵素地図を作成します．この際には，ベクターに存在しない部位で制限酵素が比較的安価で入手されやすいものについて地図を作成し，探します．
❷ PCR産物の場合も❶と同様に地図を作成します．PCR産物の場合は，既知のシークエンスを用いているでしょうから，GenBankなどからシークエンスを調べ，❶と同様に制限酵素地図を作成します．
❸ 実際にインサートDNAを制限酵素処理して地図を作成して探します．

　図1-18-1の事例では，サブクローニング終了後，制限酵素 *Bst*EⅡ/*Sca*Ⅰにて消化するとインサートの *Bst*EⅡとベクターの *Sca*Ⅰにて切断されます．インサートの方向によって切断されたDNAの大きさが異なるために，方向を特定できます．

　一方，*Bam*HⅠと *Bgl*Ⅱの制限酵素サイトは，お互いに連結はできるが，一度連結したら切り出せないサイト（図1-18-2A）です．このようなサイトを利用して方向を確認することもできます．図1-18-2Bのように *Bam*HⅠ-*Bgl*Ⅱを利用した系では，連結後 *Bam*HⅠで切断すると向きによってインサートの大きさが異なります．このため方向付けができます．リンカーでこのようなサイトを付加することもよいでしょう．

　なお発現系の場合は，目的タンパク質が発現されたかどうかで最終的には判断します．

▶**プロトコール参照**▶　「参考図書-A」第5章-2　サブクローニング（p.104-124）

まとめ 向きの違いを見分けられる系をあらかじめ組んで実験しましょう

19 Question

精製プラスミドDNAを保存後に電気泳動したところバンドが見えなくなってしまいました．どうしてでしょうか？

Answer

精製プラスミドDNAが分解した可能性があります．保存溶液の組成も確認しましょう．

考え方

❶ **どうすればバンドが見えなくなるのか？**（→「トラブルを起こす」p.16，「先入観の排除」p.25，「撹拌，混合」p.27）

電気泳動の技術の問題がなければ，DNAが壊れているということでしょう．どこで壊れたかを考えましょう．

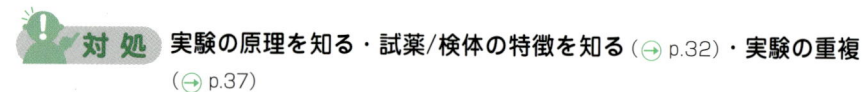

対処 実験の原理を知る・試薬/検体の特徴を知る（→ p.32）・実験の重複（→ p.37）

DNAは，基本的には物理化学的に安定です．DNAの一番の大敵はDNA分解酵素（DNase）です．DNaseは，DNAを抽出する際に細胞内から混入する場合ばかりでなく，実験中に実験者の唾液や汗などからも混入する可能性があります．一方，高分子のゲノムDNAなど高分子DNAの場合は，激しい撹拌，凍結融解などの物理的な刺激などにも弱いです（図1-19-1A）．

保存状態ですが，無菌的に冷蔵保存注（2〜8℃）すれば，問題ありません．

また，TE緩衝液による保存でも安定です．DNaseはMg^{2+}要求性の酵素です．このため，キレート剤であるEDTAを加えることにより酵素活性をブロックできます．EDTAとしては，EDTA・2Naが溶解しやすいことから使いやすいです．

注：クリーンベンチ内で精製プラスミドを滅菌したエッペンドルフチューブに分注し，蓋をして冷蔵保存するということ．

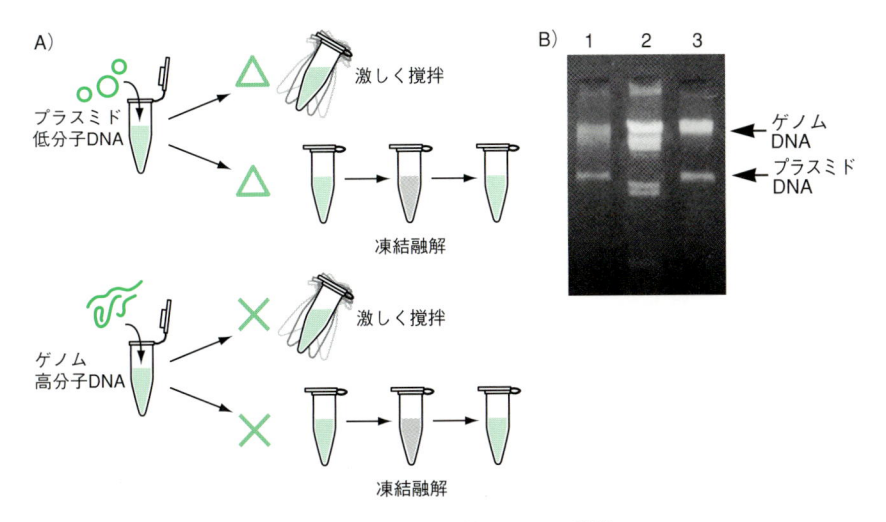

Case 1：クローン化したDNAからサブクローンを取る（サブクローニング）

図 1-19-1　低分子・高分子DNAの安定性：実験操作による影響
A) 撹拌・凍結融解．高分子DNA溶液を激しく撹拌したり，凍結融解を繰り返すことは避けましょう．フェノール抽出の際には，プラスミドDNA抽出では激しく撹拌しますが，ゲノムDNA抽出では，穏やかに撹拌します．
B) 凍結融解によるDNAの壊れ方．レーン1：凍結融解を繰り返した場合，レーン2：マーカー，レーン3：冷蔵保存した場合

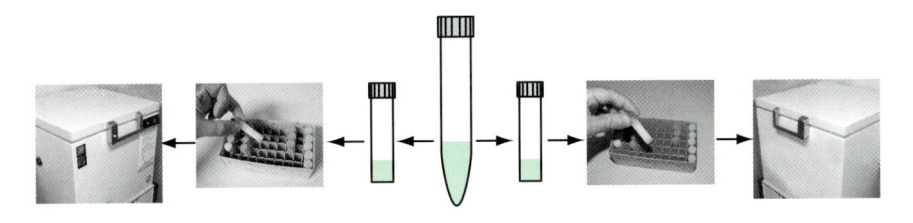

図 1-19-2　プラスミドDNAの保存
重要なプラスミドDNAなどは，電源の異なる2カ所に以上に分けて保存します．停電やフリーザーの故障によりサンプルを失うことを防げます

　一方，重要なプラスミドDNAもしくはプラスミドDNAが導入された大腸菌の保存は，2カ所以上のフリーザーに分けて保存しましょう（図1-19-2）．万が一，1つのフリーザーが故障した場合でも片方は残るでしょう．

> **まとめ** DNAは，酵素などのタンパク質に比べれば扱いやすい物質です．保存条件を注意すれば半永久的に保存できます．

Case 2
PCRによるDNA配列の変異解析とシークエンシング

Q20 ～ Q38
19問題

実験内容の背景

　　抽出したゲノムDNAからは，多くの遺伝子情報やDNA配列情報が得られます．PCRによる増幅，変異・多型スクリーニングからシークエンシングを行うのは，DNA解析の基本的な流れであるため，バイオ実験を始めた人が最初に行う実験の1つでしょう．PCR，シークエンシングなどの反応は，キットもあり，結果を分析する自動化機器も販売されているため簡単にできそうです．問題が起きやすいところは，出だしのDNA抽出の場合です．**まず，DNAを抽出し，壊れていないことを確認して実験を始めることが大切です**．PCRによる増幅は，反応時のゲノムDNA濃度で数ng/mlあれば行えます．

　　PCRは条件が決まっていれば簡単ですが，条件決めを行うことも必要です．さらに，キット化されている部分や自動化された機器は，内部で何が起こっているかの原理や検出感度などの機器の特徴や限界をよく知っていないと，トラブルが起こった時に解決できません．PCR-SSCP法やPCR-RFLP法は，変異や多型を簡便にスクリーニングする方法です．PCRによるDNA解析技術は，遺伝子診断やDNA鑑定の基盤技術となります．Mullis等によりPCRが発明されたのは1983～'84年ごろです．初期の論文ではクレノウ酵素を用いてPCRを行っていました[1]．耐熱性のDNA合成酵素を用いて現在のようなPCRが発表されたのは'88年[2]です．そして'88～'89年以降PCRは日本でも一般に行われ始めました．PCRが使われる以前は，Southernが'75年に発明したサザンハイブリダイゼーション[3]で直接解析していました．

　　RFLP法は，もともとはハイブリダイゼーションで行っていた方法です．さらに変異スクリーニングには，変異塩基配列特異的なオリゴヌクレオチドプロー

Case2：PCRによるDNA配列の変異解析とシークエンシング

Case2の実験の流れ

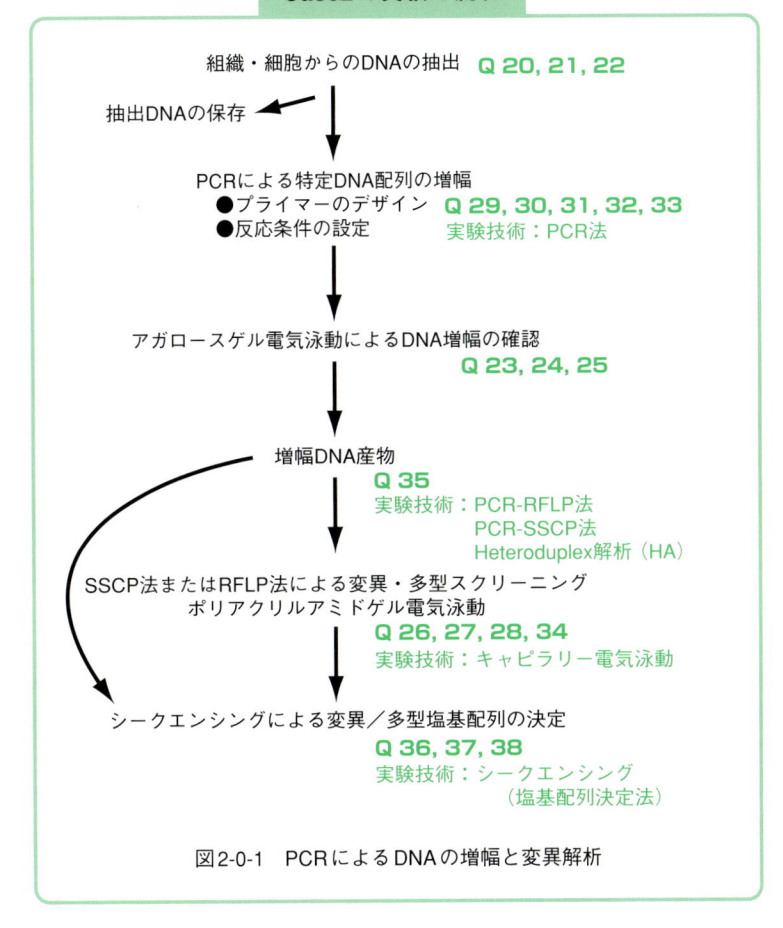

組織・細胞からのDNAの抽出　Q 20, 21, 22

抽出DNAの保存

PCRによる特定DNA配列の増幅
- プライマーのデザイン
- 反応条件の設定

Q 29, 30, 31, 32, 33
実験技術：PCR法

アガロースゲル電気泳動によるDNA増幅の確認
Q 23, 24, 25

増幅DNA産物
Q 35
実験技術：PCR-RFLP法
　　　　　PCR-SSCP法
　　　　　Heteroduplex解析（HA）

SSCP法またはRFLP法による変異・多型スクリーニング
ポリアクリルアミドゲル電気泳動
Q 26, 27, 28, 34
実験技術：キャピラリー電気泳動

シークエンシングによる変異／多型塩基配列の決定
Q 36, 37, 38
実験技術：シークエンシング
　　　　　（塩基配列決定法）

図2-0-1　PCRによるDNAの増幅と変異解析

ブを用いたASO法なども用いられました[4]．塩基配列を決めるシークエンシングは，'77年Sangerらが発明した方法（Chain termination法，dideoxy法とも言われる）[5]が，基になっています．DNA合成酵素を用いて反応させた後，尿素を含むポリアクリルアミド電気泳動で反応生成物を分離して塩基配列を決めます．今では，耐熱性の酵素によりDNAを増幅しながら行うサイクルシークエンシング反応を用い，分離はキャピラリー電気泳動技術により多検体同時処理（HTS）化した装置が主流となっています[6)7)]．

　PCRによるDNA解析は，細胞内に遺伝子が導入されたかどうかの確認や，サ

ブクローニングにより挿入されたDNA断片の確認，特定の遺伝子から転写されたRNAの検出（RT-PCR）など，遺伝子工学実験のあらゆる場面に登場します．

実験の流れ （図2-0-1）

実験の流れと関連する問題を示します．

DNAの抽出と評価 (Q20, 21, 22, 23, 24, 25)

- ゲノムDNAの抽出
- ゲノムDNAの評価（A260/A280の比測定，アガロースゲル電気泳動）

PCRによるDNAの増幅 (Q29, 30, 31, 32, 33)

- PCRによる増幅

変異スクリーニングとシークエンシング (Q26, 27, 28, 34)

- SSCP法による変異スクリーニングと判定
- ポリアクリルアミドゲル電気泳動

シークエンシング (Q36, 37, 38)

- PCR産物の精製
- シークエンシング反応
- 反応産物の精製
- キャピラリー電気泳動によるシークエンス決定

　まず，ヒトの細胞や組織からDNAを抽出します．DNAの品質評価には，A260/A280の比測定によるタンパク質の混入度合いの判定および，アガロースゲル電気泳動によるゲノムDNAの壊れ具合の判定が用いられます．品質がハッキリしたDNAを用いて，PCRにて特定のDNA配列を増幅します．SSCP法などで変異・多型の有無をスクリーニングした後，変異が検出されたDNAについて

キャピラリーシークエンサーにてシークエンシングを行います.

<参考文献>
1) Saiki, R. K. et al.: Enzymatic amplification of β-globin genomic sequences and restriction site analysis for diagnosis of sickle cell anemia. Science, 230 : 1350-1354, 1985
2) Saiki, R. K. et al. : Primer-directed enzymatic amplification of DNA with a thermostable DNA polymerase. Science, 239 : 487-491, 1988
3) Southern, E. M. : Detection of specific sequences among DNA fragments separated by gel electrophoresis. J. Mol. Biol., 98 : 503-517, 1975
4) Wallace, R. B. et al. : Hybridization of synthetic oligonucleotides ϕ x 174 DNA: the effect of single base pair mismatch. Nucleic Acids Res., 11 : 3543-3557, 1979
5) Sanger, F. et al. : DNA sequencing with chain-terminating inhibitors. Proc. Natl. Acad. Sci. USA, 74 : 5466-5467, 1977
6) Kambara, H. & Takahashi, S. : Multiple-sheathflow capillary array DNA analyzer. Nature, 361 : 565-566, 1993
7) 石井一夫, 服部正平: "DNAシークエンス法の現在", 日本血栓止血学会誌, 9 : 190-195, 1998

バイオ実験トラブル解決超基本Q&A

20 Question

いくつかの組織から抽出したゲノムDNAを制限酵素（*Bam*HI）処理またはテンプレートとしてPCR実験に用いたのですが，切れなかったり増えない検体があります．どうしてでしょうか？

Answer

DNAに結合したタンパク質がDNAから離れていないため，制限酵素や合成酵素がDNAに結合できていない可能性があります．再度フェノール抽出して除タンパク質をしましょう．

考え方

❶ 酵素反応を起こらなくするにはどうするか？　（→「トラブルを起こす」p.16，「コントロールを探す」p.21）

どうしたら増えなくできるのか，ステップを追って検討しましょう．また，コントロールとの確認もしてみましょう．

対処　実験の原理を知る，試薬/検体の特徴を知る（→ p.32）

まず，制限酵素やPCR反応が進まないことが，特定の検体だけなのかすべてのDNA検体なのかを確認します．すべてのDNA検体ならば，組織の採取方法や抽出試薬のつくり換えなどが必要でしょう．

図2-20-1を見ると，レーン3のみ切れてません．また，図2-20-2を見ても，レーン3のみ増幅していません．つまり特定のDNA検体に問題がありそうです．

制限酵素処理により，ゲノムDNAは無数のDNA断片に切断されます．このため，電気泳動でいろいろな大きさのDNA断片が連続的にスメアーに見える検体は，制限酵素処理されたとわかります（図2-20-1レーン1，2）．また，PCR反応後図2-20-2レーン3のように目的バンドが見えず，低分子のプライマーのバンドしか見えない場合は，反応が進まず増幅していないとわかります．

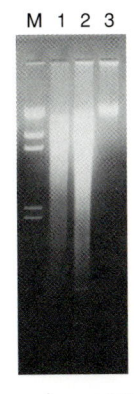

Case2：PCRによるDNA配列の変異解析とシークエンシング

図2-20-1　ゲノムDNAの制限酵素処理
検体1，2，3をおのおの*Bam*HⅠ処理後，λ*Hin*dⅢをマーカーとして電気泳動した

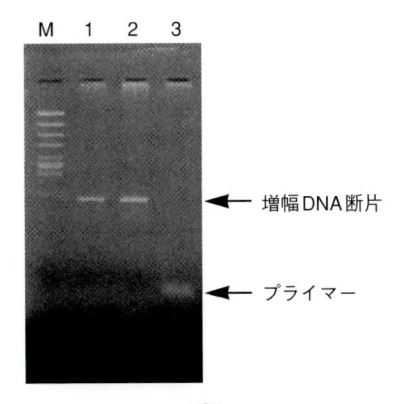

図2-20-2　PCRによる増幅
検体1，2，3をPCR後に電気泳動した

← 増幅DNA断片
← プライマー

そこで，実験のステップごとに分節化して対処方法を考えましょう．その際に実験の原理も確認しましょう．

1 DNAが抽出されていない

制限酵素やPCR反応をさせずに，ゲノムDNAのバンドが見えるかどうかを調べます．

図2-20-1レーン3にはゲノムDNAのバンドが見えますから，DNAは抽出されています．このバンドがゲノムDNAであるということは，コントロール実験をしなければなりませんが，1%アガロースゲル電気泳動でのゲノムDNAのバンド位置が，λ*Hin*dⅢマーカーの23.1 kbpのバンドの位置と同じになることがわかっていますので，コントロール実験は必要ありません．

PCRの結果は，4%アガロースゲル電気泳動にて分析しています．また使用しているゲノムDNAの量が少ないので，図2-20-2のデータだけではDNAの有無はわかりません．

2 DNAに結合しているタンパク質が取り除けていない

DNAには，ヒストンタンパク質以外にさまざまなタンパク質が結合しています．

フェノール抽出によりこれらのタンパク質を取り除いていますが，フェノール抽出が不充分ならば取り除けません．260 nmと280 nmの吸光度の比（A260/A280）を調べてみましょう．DNAでは1.8，RNAでは2.0になります．ここにタンパク質が混入すると，280 nmに吸収の肩ができます（図2-20-3）．このため，A260/A280は低下します．

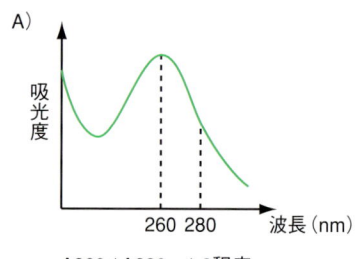

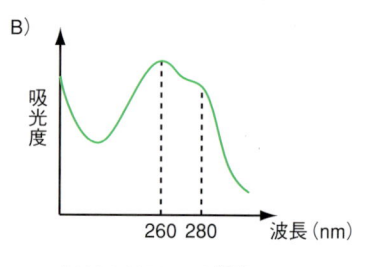

A) 純度のよいDNA溶液 A260/A280=1.8程度
B) タンパク質がコンタミしたDNA溶液 A260/A280=1.2程度

図2-20-3 DNAの吸収スペクトル
A) 純度のよいDNA溶液, B) タンパク質がコンタミしたDNA溶液

 精製DNA：A260/A280=1.8
 精製RNA：A260/A280=2.0
また，DNAの量は下記の値となります．
 精製DNA 50 μg/ml：A260=1.0
 精製RNA 40 μg/ml：A260=1.0
 精製オリゴヌクレオチド 20 μg/ml：A260=1.0

 表2-20-1より検体3のA260/A280は，1.19と低く，他の検体は1.8に比較的近いため，検体3にはタンパク質が混入していると推定されます．

3 酵素反応の阻害が起きている

 DNAの抽出で制限酵素や耐熱性酵素の阻害物質がコンタミするならば，阻害物質の可能性としてフェノール，エタノール，EDTAなどが考えられます．
 フェノールは，臭いを嗅いで判定できます．フェノールが多く残っていると10,000gで10分間遠心分離することでフェノール層は下に集まります．水もしくは，トリス緩衝液飽和フェノールを調製する際に酸化防止剤の8-ヒドロキシキノリンを加えておくと，フェノールが黄色くなるのでよくわかります．また，フェノール抽出の後，CIA抽出を行うとフェノールの切れがよくなり，フェノールの混入を防げます（→「Q16」p.96）．
 エタノールは，乾燥した際に拭いきれていたか思い出しましょう．
 DNA溶液などから酵素反応系にEDTAが入ってこないか確認します．EDTAは終濃度で0.1mM以下ならば問題ありません．

4 酵素反応のpHやイオン強度などの条件が整っていない

 緩衝液は通常，酵素を購入すると一緒に入っています．別々にしないようにしましょう．
 制限酵素の緩衝液は，酵素によってH，M，Sに別れます．また，PCRの緩

Case2：PCRによるDNA配列の変異解析とシークエンシング

表2-20-1　抽出DNAの評価

検体名	容量（mL）	A260 測定値	A260 測定値×50	A280 測定値	A260/A280	濃度（mg/mL）	絶対量（mg）
1	1.5	0.282	14.1	0.163	1.73	0.72	1.08
2	1.5	0.332	16.6	0.182	1.82	0.83	1.25
3	1.5	0.355	17.6	0.298	1.19	0.88	1.32

表2-20-2　検体3：抽出再評価

検体名	容量（mL）	A260 測定値	A260 測定値×50	A280 測定値	A260/A280	濃度（mg/mL）	絶対量（mg）
3	1.5	0.305	15.3	0.178	1.71	0.75	1.13

図2-20-4　再抽出DNAの制限酵素処理
レーン1：再抽出前，レーン2：再抽出後
再抽出により，制限酵素で消化されゲノムDNAがスメアー状に見えます

衝液ではMg^{2+}が別になっている場合があります．Mg^{2+}を加えるのを忘れると反応しませんので，注意しましょう．

　図2-20-1，図2-20-2から特定のDNAのみに問題があるため，上記 3 ， 4 は考えなくてよいでしょう．
　特定の検体のみ問題があるため， 2 のタンパク質の除去不足が考えられます．
　フェノール抽出，CIA抽出，エタノール沈殿を再度行ったところ，A260/A280の比は1.71となり（表2-20-2），制限酵素処理，PCR増幅ともできるようになりました．図2-20-4は制限酵素処理の結果です．

▶プロトコール参照▶「参考図書-B」第4章-1-1　SDS/フェノール法による精製（p.100-102）

電気泳動と吸光度で抽出ゲノムDNAの品質チェックし，問題点を洗い出しましょう．

21 Question

多型解析を行うためいろいろな組織から抽出したゲノムDNAを電気泳動で調べたところ,スメアー状のものがありました.壊れているようですが,使用できるのでしょうか?

Answer

使用できます.組織自体にDNaseが多いか抽出中に混入した可能性があります.貴重な組織の場合は,再抽出ができません.そこで,壊れていてもできる実験系を行います.PCRで小さい断片を増幅し,検討できる系を使用しましょう.

考え方

❶ どのようにしたらDNAが壊れるのか? どのような目的ならば使用できるのか?(→「トラブルを起こす」p.16,「サンプルの確認」p.26)

DNAが抽出前もしくは抽出操作中に壊れる可能性を考えましょう.また,サンプルの使用目的も考えましょう.

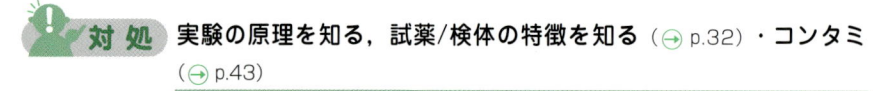

対処 実験の原理を知る,試薬/検体の特徴を知る (→ p.32)・コンタミ(→ p.43)

図2-21-1のレーン3では,DNAはスメアー状になりかなり壊れているようです.DNAは繊維状の高分子ですから,物理的に弱く,酵素による分解も起こります.代表的なものに以下のようなことがあります.

① 物理的な分解(フェノール抽出での激しい撹拌,凍結融解)
② DNase(DNA分解酵素)による分解(サンプルからの混入,実験中の混入)

RNA精製の場合などは,注射筒に溶液を加え,注射針を通すことにより物理的にDNAを分解させるくらいです.なお,RNAの抽出に比べればDNAの抽

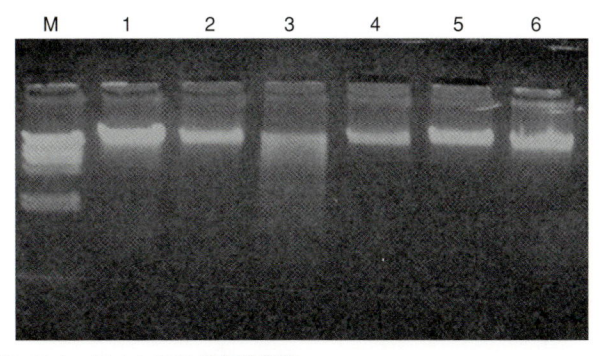

Case2：PCRによるDNA配列の変異解析とシークエンシング

図2-21-1　ゲノムDNA電気泳動像
　　　　　M：マーカー，レーン1～6：各種組織から抽出したゲノム

出は簡単です．

1 サンプルは何でしょうか？

　培養細胞，組織，毛髪，口腔内細胞など，サンプルによって注意する観点が違います．培養細胞の場合は，物理的な分解と実験中のDNaseの混入を防げば問題ありません．組織からの抽出は，肝臓などからは比較的簡単に取れますが，消化管などDNaseが混入しやすい検体の場合は壊れる場合があるなど，組織による特徴を調べておく必要があります．

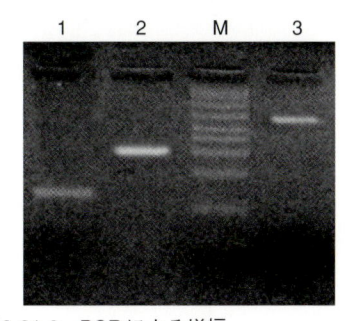

図2-21-2　PCRによる増幅
M：マーカー，レーン1：約100bp DNA断片，レーン2：約320bp DNA断片，レーン3：約600bp DNA断片

2 抽出緩衝液には，1～10mM EDTAを加えてあることを確認しましょう

　保存中に凍結融解を繰り返していないか確認しましょう．
　ゲノムDNAの保存は，無菌的に冷蔵（2～8℃）がよいでしょう．凍結する場合は，凍結融解を繰り返さないように分注して保存します（−20℃または−80℃）．
　図2-21-1レーン3の壊れているDNAを用いて，PCRによりさまざまな大きさのDNA断片を増幅した結果が図2-21-2です．600bp程度までのDNA断片は問題なく増幅しています．このため多型解析に用いるには，PCRで短い断片を増幅すれば使用できるでしょう．

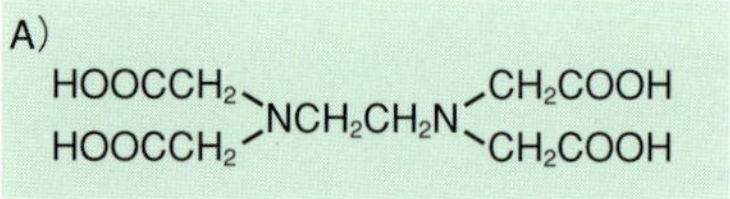

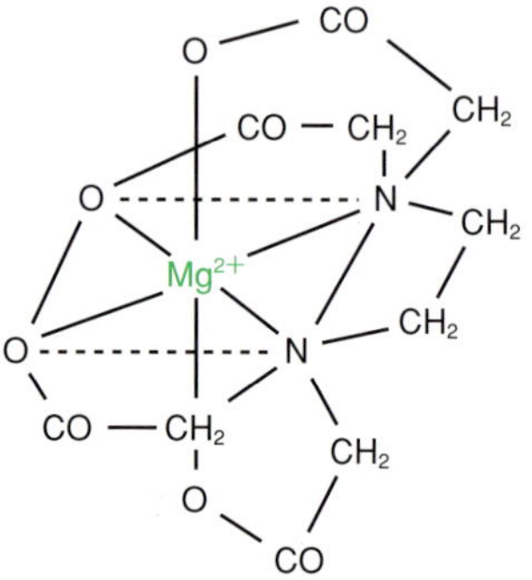

図2-21-3　EDTAの構造とMg^{2+}との結合
A) EDTA，B) EDTAとMg^{2+}の錯体．通常は，EDTA・2Na：m.w.372を用います

＜参考＞DNaseとMg^{2+}

DNaseによるDNAの切断には，Mg^{2+}が必要なことが古くから知られています[1)2)]．このため，キレート剤であるEDTAを反応系に加えることにより，EDTA-Mg^{2+}錯体DNaseを働かなくします（図2-21-3）．

1) Perlgut, L. E. & Hernandez, V. : Kinetic studies on the mechanism of Mg (II) activation of deoxyribonuclease I. Biochim. Biophys. Acta., 289 : 169-173, 1972
2) Junowicz, E. & Spencer, J. H. : Studies on bovine pancreatic deoxyribonuclease A. II. The effect of different bivalent metals on the specificity of degradation of DNA. Biochim. Biophys. Acta., 8 : 85-102, 1973

▶プロトコール参照▶　「参考図書-B」第4章-1　ゲノムDNAの調製（p.99-104）

> **まとめ**　高品質なDNAが抽出できるにこしたことはありませんが，貴重な検体の場合は，そうもいきません．また，少し壊れていてもPCRで解析することは可能です．

Case2：PCRによるDNA配列の変異解析とシークエンシング

Question 22

ホルマリン固定・パラフィン包埋切片サンプルからPCRで増幅したのですが，バラツキが大きいです．どうしたらよいでしょうか？

Answer

検体中のDNAが壊れている場合は，短いDNA断片を増幅して分析しましょう．

考え方

❶ **どうすれば壊れたDNAを使用できるのか？ サンプル中でDNAはどのようになると壊れるのか？**（→「先入観の排除」p.25，「サンプルの確認」p.26）

　ホルマリン固定・パラフィン包埋切片では，DNAは壊れているのが前提です．壊れているDNAで何とかPCRにかけることを考えましょう．

対処 実験の原理を知る，試薬/検体の特徴を知る（→ p.32）・プロトコールの作製（→ p.38）

　バラツキが大きいということは，全体的な問題ではなく，個々の検体の問題でしょう．PCRでの増幅にバラツキがでるということは，「DNAが切れて短くなっている」，「PCR反応の阻害物質が含まれている」が考えられます．ホルマリン固定・パラフィン包埋切片などの病理サンプルからDNA抽出をするのに苦労している人が多いのが現状です．Proteinase K／SDSを用いた代表的なDNA抽出方法は，文献1に示されています．この方法は，キシレンによる脱パラフィンを徹底することと，Proteinase Kでの処理時間と処理温度の検討が大切です．この方法で1cm×1cmの切片から数μgのDNAが回収できます．また，Chelex-100（Bio-Rad Laboratories：商品名Instagene）やDEXPAT（宝酒造）などの抽出試薬も市販されています．どの程度完全なDNAが抽出できるかは，検体の保存状態によるところが大きいと思われます．このため，抽出したDNAの大きさは，数百塩基対以下になってしまうことが

117

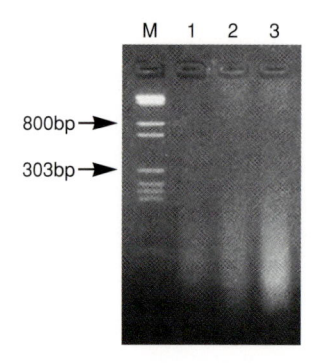

図2-22-1 ホルマリン固定・パラフィン包埋切片から抽出したゲノムDNA

M：マーカー
レーン1, 2, 3：おのおの異なる切片から抽出したDNA
ゲノムDNAが壊れ数百塩基対以下の断片がほとんどであることがわかります

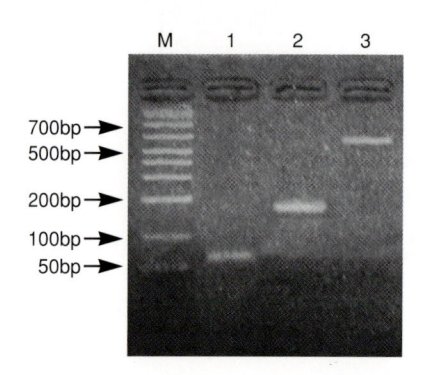

図2-22-2 PCRによるホルマリン固定・パラフィン包埋切片から抽出したDNAの増幅

M：マーカー
レーン1：63bp PCR産物
レーン2：170bp PCR産物
レーン3：600bp PCR産物
図2-22-1 レーン2のDNAを増幅したところ，600bp以下のDNAは増幅できました．たとえ壊れたDNAでも，短いDNA断片をPCRで増幅することで，解析が可能となります

多くあります（図2-22-1）．図のようにかなり壊れているDNAを使用した場合でも，600bp以下ならば増幅できます（図2-22-2）．

　変異解析や多型解析に用いる場合は，調べたい配列を絞り込み，なるべく小さいDNA断片として増幅しましょう．100bp以下のDNA断片とすれば，間違いなく検討できるでしょう．

▶**プロトコール参照**▶ 「参考図書-B」第4章-1-1　SDS/フェノール法による精製（p.100-102）

＜参考文献＞
1）中嶋 孝："臨床DNA診断法"，pp272-275, 金原出版, 1995

まとめ 検体のコントロールが難しい場合には，調べる塩基配列の範囲を小さくするなど検出方法を変えましょう．

Case2:PCRによるDNA配列の変異解析とシークエンシング

23 Question

アガロースゲル電気泳動でPCR産物(約300bp)を分析したのですが,バンドがBPB色素とほとんど同じ位置に出てきて分析できません.どうしたらよいでしょうか?

Answer

ゲルの種類や濃度が不適当です.適切なゲルと濃度を選んで再実験をしましょう.

考え方

❶ **どうすれば電気泳動で分離できなくなるか?**(→「トラブルを起こす」p.16,「先入観の排除」p.25)

どのような時にBPB色素と約300bpのDNA断片が同じ位置に出るのか考えましょう.ゲル電気泳動で全てのDNA断片が分離できるのでしょうか.

対処 実験の原理を知る,試薬/検体の特徴を知る(→ p.32)・**プロトコールの作製**(→ p.38)

アガロースゲルの網目サイズによっては,分子ふるい効果が現れずに,PCR産物とBPB色素のバンドがほぼ同じ位置に検出されることがあります(図2-23-1).DNAはリン酸基にマイナスの電荷をもつ分子で,しかも同じ構造の繰

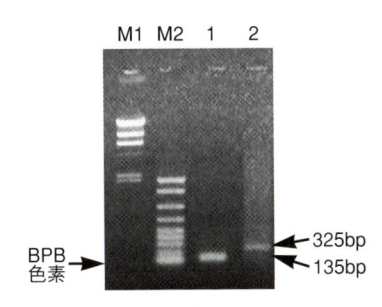

図2-23-1 PCR産物の電気泳動像(0.7%アガロースゲル)
M1:マーカー(λ Hind Ⅲ)
M2:マーカー(AmpliSize ; Bio-Rad Laboratories)
レーン1:135bp PCR産物
レーン2:325bp PCR産物

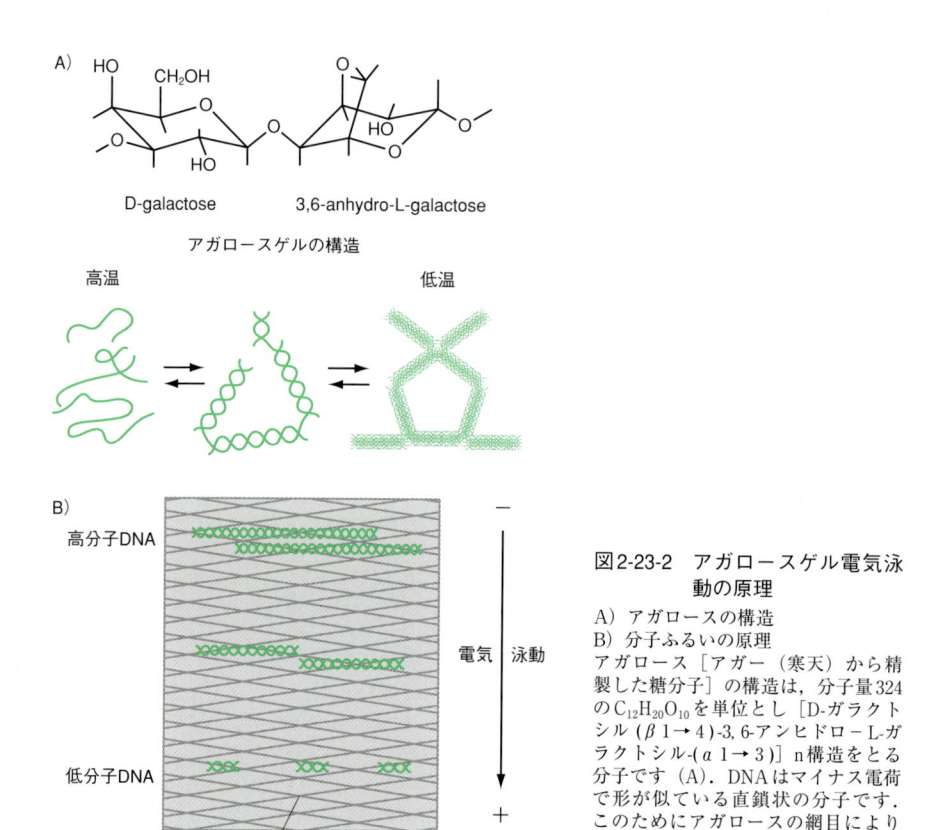

図2-23-2　アガロースゲル電気泳動の原理

A）アガロースの構造
B）分子ふるいの原理

アガロース［アガー（寒天）から精製した糖分子］の構造は，分子量324の$C_{12}H_{20}O_{10}$を単位とし［D-ガラクトシル($\beta1\to4$)-3,6-アンヒドロ-L-ガラクトシル-($\alpha1\to3$)］n構造をとる分子です（A）．DNAはマイナス電荷で形が似ている直鎖状の分子です．このためにアガロースの網目により分子ふるい効果をもち，分離ができます（B）

り返しです．このために，アガロースゲルの網目による分子ふるい効果があります（図2-23-2）．ゲル濃度と電気泳動で分離できる塩基対数の関係は，表2-23-1に示されています．ゲル濃度により分離できる塩基対数の範囲が決まっています．低分子のDNA断片がゲルの網目を潜り抜ける状況では分子ふるい効果が出ないため，大きさの異なるDNA断片も同じ位置のバンドとして検出されます（図2-23-3）．図2-23-1においてPCR産物を0.7％ゲルにて電気泳動した場合は，325bpと135bpのDNAはほとんど分離できないことがわかります．このように適切なゲル濃度を選ばなければ，電気泳動は分析手段になりません．図2-23-1で用いたPCR産物も4％アガロースゲル電気泳動を行うと図2-23-4Bのように分析が可能です．なお，最近多用されているキャピラリー電気泳動では，ポリマーを含む緩衝液がゲルの代わりになります．この場合，ゲ

Case2：PCRによるDNA配列の変異解析とシークエンシング

アガロースゲル濃度を0.7〜5％に変えた場合，濃度によって分離できるDNA断片の大きさが異なることがわかります．直線性があり正確に塩基対数を測定できる範囲は，グラフを見るとゲル濃度により異なります．また，低分子量，高分子量側では，近い位置にバンドが検出されることがわかります．予想されるDNA断片の大きさによりゲル濃度を選びましょう．

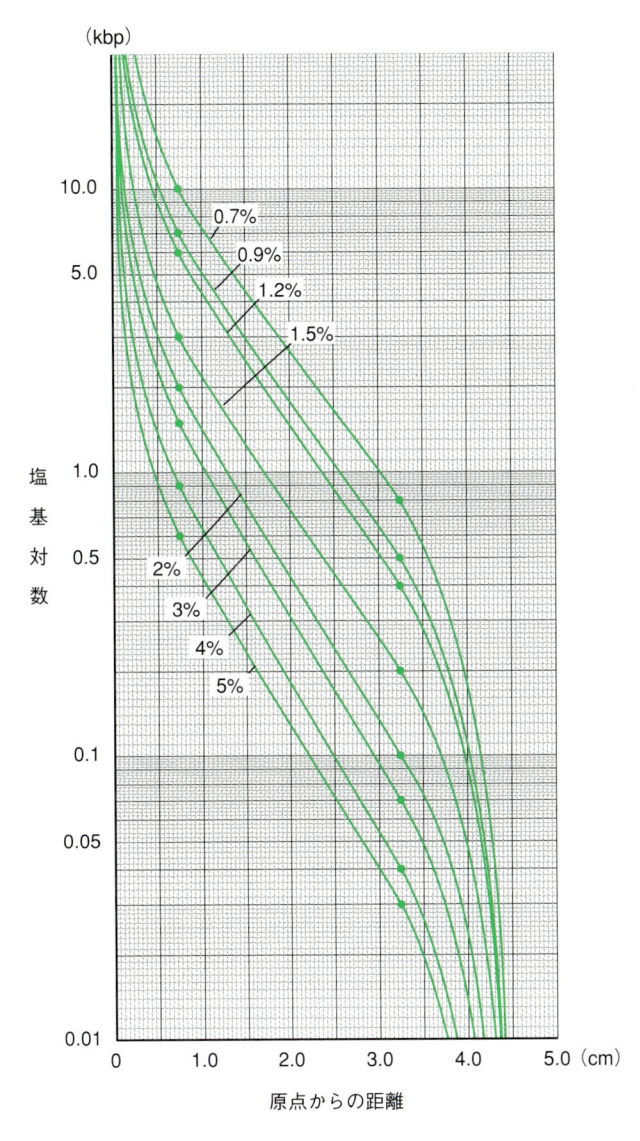

図2-23-3　ゲル濃度の違いによるDNA断片と電気泳動移動度の関係

表2-23-1　ゲル濃度と分析可能な塩基対数

アガロースゲル濃度（w/v %）	分離可能なDNAの大きさ
0.7	800 bp - 10 kbp
0.9	500 bp - 7 kbp
1.2	400 bp - 6 kbp
1.5	200 bp - 3 kbp
2	100 bp - 2 kbp
3	70 bp - 1.5 kbp
4	40 bp - 900 bp
5	30 bp - 600 bp

0.7〜1.5%ゲル：標準的なゲル（SeaKam ME アガロース等）
2〜5%ゲル：低粘性・低融点ゲル（Nusieve3 : 1 アガロース）

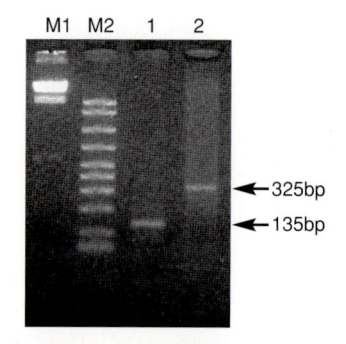

図2-23-4　高濃度（4%）アガロースゲル電気泳動による低分子DNAの泳動
M1：マーカー（λHind Ⅲ），M2：マーカー（AmpliSize；Bio-Rad），レーン1：135bp PCR産物，レーン2：325bp PCR産物
図2-23-1と比べると4%アガロースゲル電気泳動により135bpと325bpのPCR産物が明確に分離できています

ルの濃度はポリマーの濃度に対応します．また，PAGEにおけるアクリルアミドとN, N'-メチレンビスアクリルアミドとの比率は，分離能に影響します．ポリマー入り緩衝液では，ポリマーの分子量がこれに相当します．（→「実験技術：キャピラリー電気泳動」p.234）

▶プロトコール参照▶　「参考図書-A」第7章-2　アガロースゲル電気泳動（p.143-150）

まとめ　ゲル電気泳動では，ゲル濃度を適切に選ばなければ分子ふるい効果による分離はできません．各実験目的に合ったゲル濃度と種類をプロトコールに入れましょう．

Case2：PCRによるDNA配列の変異解析とシークエンシング

Question 24

アガロースゲル電気泳動でゲルにEtBrを加えて染色したところ，一部のDNAバンドが見えなくなっていることがあります．どうしてでしょうか？

Answer

EtBrを充分撹拌していないため不均一に溶けているためでしょう．後染めでは，このような問題は起こりません．とりあえず後染めし，データ用に再度電気泳動します．

考え方

❶ どうすればバンドが見えなくなるのか？　（→「トラブルを起こす」p.16,「先入観の排除」p.25,「撹拌，混合」p.27）

　　DNAバンドが見える原理を考えましょう．

対処　実験の原理を知る，試薬/検体の特徴を知る（→ p.32）

　　よくデータに出てくるDNAバンドはなぜ見えるのでしょうか？DNA自体は，無色透明で電気泳動で分析しても見えません（PAGEで屈折率の違いで見えることもあります）．このため，DNAに結合する色素を用いて見えるようにします．よく使われる色素は，エチジウムブロマイド（エチブロ，Ethidium bromide：EtBr）とSYBR Green I or II，SYBR Gold（Molecular Probe社）です．

　　ゲル電気泳動後に，これらの色素の入った溶液（EtBr，0.5μg/ml）にゲルを浸けると，プラス電荷の色素はマイナス電荷のDNAに結合します．10～15分程度ゆっくり振盪した後，トランスイルミネータ上で254nmの紫外線を照射してDNAのバンドを検出します（後染め）．また，EtBrを用いる場合は，あらかじめEtBrをゲルに溶かし込んでおくことで（終濃度：0.5μg/ml）泳動中もしくは泳動後直ちにDNAバンドを検出することが可能です．この場

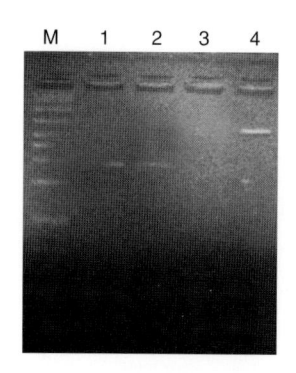

図2-24-1 4%アガロースゲル電気泳動（Nusieve 3:1 アガロース使用）
M：マーカー，レーン1〜4：PCR産物．
あらかじめアガロースゲル中にEtBrを溶かし込んでおきました．図中で黒くなっている部分はEtBrの濃度が低いためDNAは検出できにくくなっています．黒い斑ができているのはEtBrが充分撹拌混合されていないためです．

合は，プラス電荷のEtBrはDNAとは反対にマイナス方向に泳動されます．泳動像で，下の方（プラス極側）が黒くなっているのはEtBrがマイナス極に泳動されるためです．図2-24-1では，全体的にムラがありますから，EtBrがちゃんと溶けていないのでしょう．特に，PCR産物を検定するためNusieve 3:1 アガロースゲルの4〜5%ゲルを用いた場合は，粘性が高くて溶けにくいため，よく撹拌して溶解する必要があります．しかし，撹拌し過ぎると泡が出てきてゲルに気泡が入る場合がありますので，円を描くようにしてゆっくり撹拌しましょう．

また，突沸によるEtBrの飛散を防ぐため，ゲルがある程度（60℃程度）冷えてから加えます．

このEtBrは，変異原性物質であるために使用中の扱い方や使用後の処理が問題となります．一般的には，チャコール吸着後，焼却処理します．なお，SYBR Green I or II の発癌性は低いといわれてますが，"0" ではないため[1]に，EtBrと同様の処理方法を取った方がよいと思います．

EtBr，SYBR Geen I or II での二本鎖DNAの検出感度は，1 kbpで10ng程度です．他のDNA検出方法としては，銀染色法があります．図2-24-2には，各染色方法での検出感度を示してみました．

Case2：PCRによるDNA配列の変異解析とシークエンシング

A) 銀染色

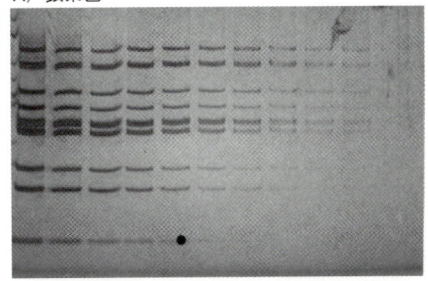

B) EtBr染色

C) SYBR Green染色

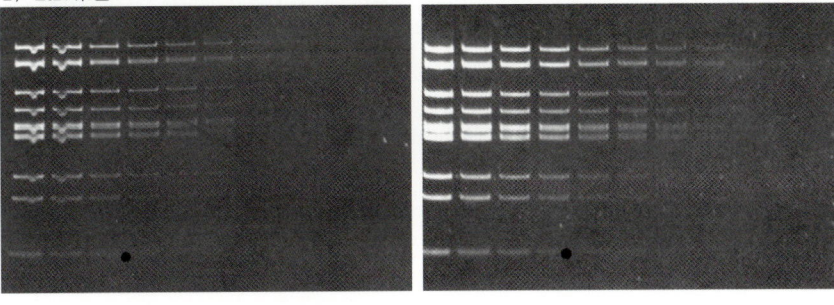

図2-24-2　各種DNA検出方法の感度比較
　　　　希釈系列をつくった塩基対マーカーDNAをPAGEにて泳動後，各染色法にてDNAを検出した結果です．EtBr染色→SYBR Green染色→銀染色の順に高感度になります

▶プロトコール参照▶　「参考図書-A」第7章-2　アガロースゲル電気泳動（p.143-150）
　　　　　　　　　「参考図書-A」第7章-3　ポリアクリルアミドゲル電気泳動（p.154-158）

<参考文献>
1）Singer, V. L. et al.：Comparison of SYBR Green I Nucleic Acid Gel Stain Mutagenicity and Ethidium Bromide Mutagenicity in the Salmonella/Manmalian Microsome Reverse Mutation Assay (Ames Test). Mutation Res., 439：37-47, 1999

まとめ　DNAはEtBrなどの蛍光色素が結合することによって．検出できます．

25 Question

電気泳動中に電流が流れなくなりました．どうしたらよいでしょうか？

Answer

サンプル中の塩濃度が高いか，緩衝液の濃度が高いのでしょう．サンプル中の塩濃度を確認し，再度緩衝液を調製します．

考え方

❶ どうすれば電気泳動を止められるのか？（→「トラブルを起こす」p.16）

電気泳動装置内でどのように電気が流れているのか考えてみましょう．

対処 実験の原理を知る，試薬/検体の特徴を知る（→ p.32）・機器のブラックボックス（→ p.40）

抵抗が高ければヒューズが飛んでしまい電流が流れなくなります．電極から泡が出ているかどうかを目で見るだけで，電気が流れているかどうかわかります．

1 泳動緩衝液にイオンが全く入っていない状態

電気が流れなければ，電流"0"となりヒューズが飛んでしまいます．泳動槽の緩衝液を間違えて脱イオン水や蒸留水を用いた場合，あるいはゲル作製時に緩衝液の代わりに脱イオン水や蒸留水を用いた場合には，電気は流れません．ただし，ゲルを水で作製した場合は，泳動槽に加えた緩衝液がゲル中に拡散浸透して泳動される場合もあります．

2 ゲル電気泳動の場合は緩衝液濃度が高すぎる時に起こることがある

アガロースゲル電気泳動では，1×TAE緩衝液（40mM Tris/HCl pH7.8, 1mM EDTA）を用いることが普通ですが，2×TAEなど高濃度の緩衝液を用いた場合は，抵抗が大きくなり熱をもち，ヒューズが飛んだり熱でゲルが溶けてしまう場合もあります．なお，0.5×TAEでも問題ありません．

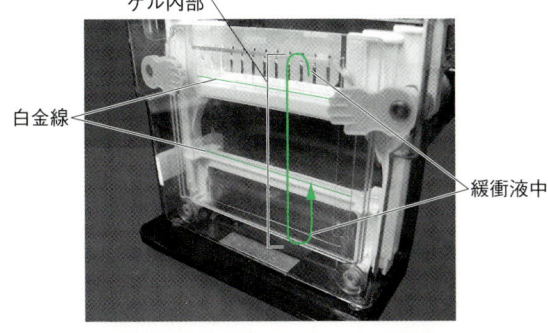

図2-25-1 縦型のポリアクリルアミドゲル電気泳動装置
パッキングが緩んでいたり、固定が甘い場合には液漏れする場合があります。この場合は、泳動が止まってしまう場合があります。白金線の泡を確認しましょう

(図中ラベル：ガラス板にはさまれたゲル内部／白金線／緩衝液中)

3 液漏れで緩衝液がゲルに伝わっていない（特にポリアクリルアミドゲル）

電気泳動槽での電気の通り道を確認してください．

図2-25-1にはポリアクリルアミド電気泳動装置を示してあります．上水槽に液漏れがあり，緩衝液がゲルと接していない場合は，電気が流れなくなります．

この場合は，電流が"0"となり，白金線から泡も出なくなるはずですから，注意して見ることで確認できます．ちなみに白金線から出てくる泡は，水が電気分解されて生じた水素と酸素ガスです．

▶**プロトコール参照**▶　「参考図書-A」第7章-3　ポリアクリルアミドゲル電気泳動（p.154-158）
　　　　　　　　　　　「参考図書-D」第2章-1　ポリアクリルアミドゲル電気泳動（p.15-25）

まとめ 緩衝液濃度を確認しましょう．また，電気が流れているかどうか白金線からの泡の有無で確認しましょう．

26 Question

ポリアクリルアミドゲル電気泳動のバンドが歪むのですが，どうしてでしょうか？

Answer

スマイリングでは，ゲル内温度が不均一になっています．縦筋が出た場合は，サンプルがよく溶けていない可能性があります．ウェルの形やサンプルの添加方法で歪みができることもあります．電気の流路がどうなっているのか確認しましょう．

考え方

❶ **どのようにしたらこれらの現象が起こせるかを考えてみましょう**（→「トラブルを起こす」p.16,「プロトコールに忠実か」p.25,「先入観の排除」p.25）

電気の通り道，ゲルの網目，サンプルの状態に注目して考えましょう．

対処 実験の原理を知る，試薬/検体の特徴を知る（→ p.32）・機器のブラックボックス（→ p.40）・コンタミ（→ p.43）

バンドが歪む現象にもいろいろあります（図2-26-1）．

スマイリング，縦方向にできる縞模様，隣のレーンに現れるバンド，横に一線に見えるバンドなどです．電気泳動は，電流が均一に流れゲル内部の網の目が一定であることが，分離条件の前提となっています．まず，電流が流れる道筋に抵抗になるものがあるかどうか確かめましょう．気泡，高塩濃度，塩濃度"0"，温度差，サンプル中の沈殿（サンプルが溶液になっていない）などが抵抗の原因となるでしょう．

1 スマイリング

電気泳動速度は，温度が高ければ速くなります．平板ゲルでは，ゲル内部の温度が不均一な場合，泳動速度が中心部では速く端では遅くなりスマイリング

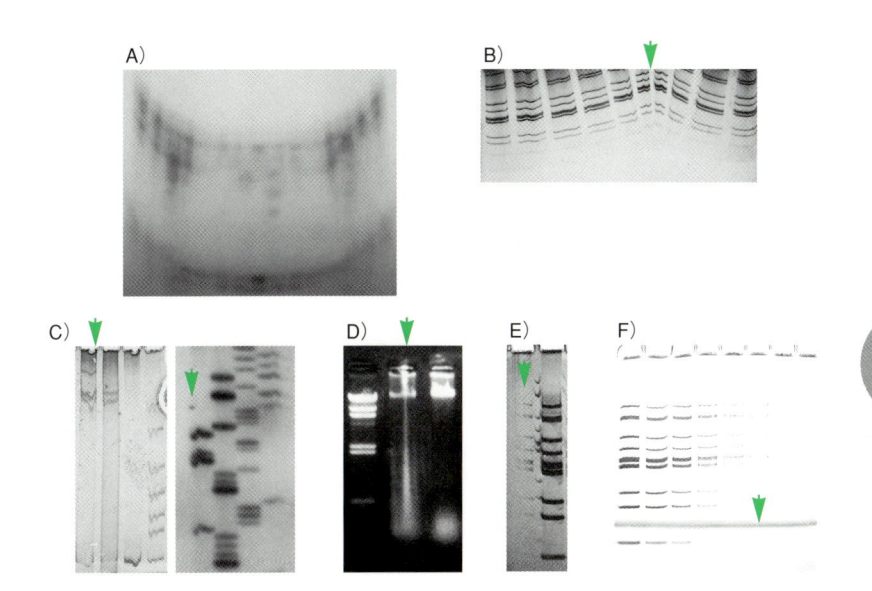

図2-26-1 いろいろな電気泳動バンドの歪み
A) スマイリング，B) 部分的な歪み1，C) 部分的な歪み2，D) 縦方向にできる縞模様（アガロースゲル），E) 隣にバンド，F) 横一直線のバンド

現象がみられます（図2-26-1A）．また，ゲル両端のパッキングが弱く電流が末広がりに流れている場合もあります．手作業のシークエンシングゲル電気泳動装置では，ジャケットを付けたり，熱伝導がよいアルミ板をゲル板に当てて温度を均一にします（図2-26-2）．

2 部分的な歪み

ゲル下端の隙間に気泡が入っていると抵抗が大きくなり，そこだけ流れが遅れます（図2-26-1B）．一方，ウェル（穴）にキズがあったり，サンプルの添加が不均一な場合にバンドの歪みがみられます（図2-26-1C）．また，PAGEではサンプルのイオン強度でバンドが歪むことがあるため，一定の塩濃度で泳動しましょう．気泡は，ゲルをセットした際に無くても，泳動中に水の電気分解で生じた水素と酸素ガスが白金線から発生します．泳動装置では，白金線の位置がゲルの下端よりも高くなっており，発生したガスがゲル下端には入らないようになっているはずですので，念のために自分で確かめましょう（図2-26-3）．

3 縦方向にできる縞模様

サンプル溶液が不均一で沈殿ができている場合などは，泳動の際に沈殿がゲルの網目にひっかかり，本来のバンドから尾をひくようにテーリングすることがあります（図2-26-1D）．

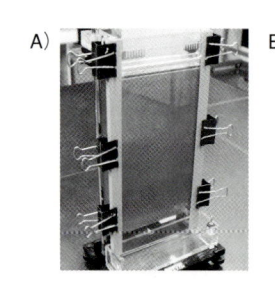

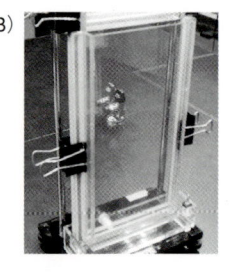

図 2-26-2 アルミ板やジャケットによるゲル板温度の均一化
熱伝導度がよいアルミ板（A）や水を流せるジャケット（B）をゲル板に装置しゲル内の温度を均一にします

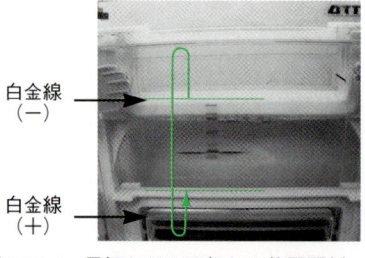

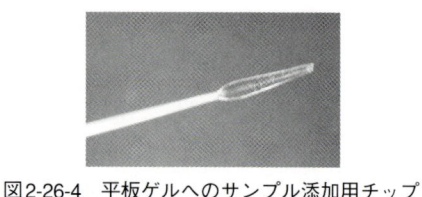

白金線（－）
白金線（＋）

図 2-26-4 平板ゲルへのサンプル添加用チップ
先が平坦になっているために，厚みがないゲルへのサンプルの添加に適しています

図 2-26-3 電極とゲル下部との位置関係
白金線がゲルの下端よりも上にあるために，泳動中に発生するガスがゲル底部に入り込まないようになっています

4 隣のレーンにバンドが見える

単純にサンプルの添加の際に隣のレーンにサンプルが混入コンタミしたのでしょう（図2-26-1E）．ピペッティングというよりは，チップの形状に問題があるかもしれません．平らなチップを用いるとゲル穴の底まで正確にサンプルを添加できます（図2-26-4）．特にゲルの厚みがない（0.75mm以下）場合には有効でしょう．

5 ゲル全体に横一線のバンドが見える

サンプルが入っていないところまでバンドが見えるのならば，泳動用緩衝液に染色液と反応する核酸やタンパク質がコンタミしているのでしょう（図2-26-1F）．素手で操作している場合，銀染色すると皮膚のケラチンなどのタンパク質が混入してバンドとなることもあります．緩衝液は用事調製した方がよいですが，保存しておく場合は，コンタミに注意しましょう．

▶プロトコール参照　「参考図書-A」第7章-3　ポリアクリルアミドゲル電気泳動（p.154-158）
　　　　　　　　　「参考図書-D」第2章-1　ポリアクリルアミドゲル電気泳動（p.15-25）

まとめ 電気の流路を確認し，抵抗となるものが何かを考えましょう．

Case2：PCRによるDNA配列の変異解析とシークエンシング

27 Question

ポリアクリルアミドゲルが固まらないのですが，どうしてでしょうか？

Answer

触媒の劣化や空気との接触が考えられます．

考え方

❶ **どのようにすれば固まらないのか？**（→「トラブルを起こす」p.16,「プロトコールに忠実か」p.25,「先入観の排除」p.25,「撹拌，混合」p.27）

　ゲルが固まる条件を1つずつチェックしてみましょう．

対処 **実験の原理を知る，試薬/検体の特徴を知る**（→ p.32）・**コントロールの設定**（→ p.35）・**Cold Run**（→ p.41）

　通常行っているポリアクリルアミドゲル電気泳動[1]でゲルが固まらない原因としては，TEMED（終濃度〜0.05％）や過硫安（終濃度〜0.05％）という触媒の濃度が違っている可能性があります．また，固化中に空気との遮断が不充分だとゲルの上部が固まらない場合があります（図2-27-1）．しかし，アクリルアミドとN, N'-メチレンビスアクリルアミド（ビス）の母液濃度や他の試薬の濃度が間違っていないことが前提となりますから，固まらない時はまずは濃度を確かめましょう．アクリルアミドとビスの比率が異なれば，重合しないことがあります（図2-27-2）．

　通常の電気泳動ゲルでは，％T[注1]＝5〜20％，％C[注2]＝2〜5％を用います．

注1：アクリルアミドの重量にビスアクリルアミドの重量を足した重量の％濃度
　　（g/100ml）
注2：ビスアクリルアミドの重量/アクリルアミドの重量とビスアクリルアミドの重量の和
　　（架橋度を示す）
図2-27-3には，％Tならびに％Cによる分離能の変化が示されています．

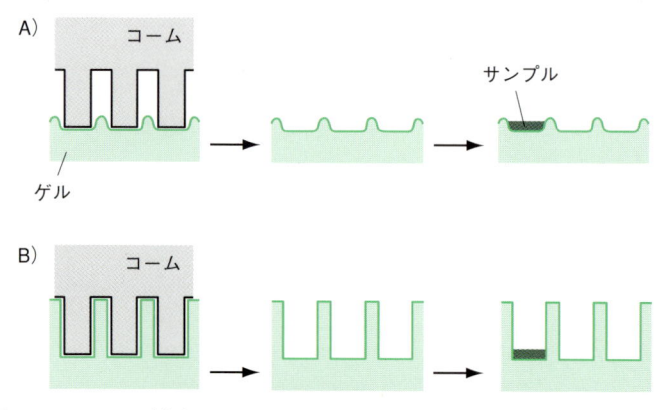

図2-27-1　コーム付近でのゲルの固まり方
A) アクリルアミド溶液の上端が空気に触れているため固まりが悪い場合：固まり方が悪いと，ゲルの穴が繋がってしまい，サンプルのコンタミの原因になります
B) 固まりが充分な場合：コームの形にゲルが固まっています

　さて，TEMEDは通常は冷蔵保存で1年以上保存が効きます．過硫安は，10〜20％の高濃度溶液を用事調製するとよいでしょう．しかし，やむなく保存する場合は，冷凍保存しましょう．
　ゲルが固まらない場合は，TEMED添加量を終濃度〜0.08％まで上げ，過硫安も終濃度〜0.08％まで量を増やしましょう．TEMEDや過硫安添加後は，泡が出ないように充分撹拌しましょう．脱気により空気を除くことも大切です．脱気は，量が少ない時は注射筒を用いて行っても充分です（図2-27-4）．ただし，脱気後急速に固まるため，すぐにゲル板内に注射します．また，重合反応は通常の化学反応ですから，冬場などの寒い部屋では固まりにくい場合があります．重合温度を37℃にすると固まりやすくなりますが，急速に温度を上げると均一な重合が起こらず，ゲル内で重合ムラが起こることがありますから，必ずしもお勧めしません．
　小スケールでビーカー内に試薬を加え，固まることを確かめましょう．また，ゲル作成時でも残った反応液をビーカーに加え，固まるかどうか確かめましょう．この実験がコントロールとなりますから，ゲル内での固まり具合がわかります．
　ゲルコームの上部には，注射器で水を加えて空気と遮断しますが，この時ブタノールを乗せると表面張力が少なくより，一層空気との遮断ができます（図2-27-5）．操作やゲル板の組立てなどをあらかじめ練習し，手際よく実験しましょう．

Case2：PCRによるDNA配列の変異解析とシークエンシング

図2-27-2　アクリルアミドの重合
重合したアクリルアミドをN, N'-メチレンビスアクリルアミド（ビス）が架橋することでゲルが固まります．このため，アクリルアミド濃度ばかりではなく，アクリルアミドとビスの比が分離能に影響します．

▶**プロトコール参照**▶　「参考図書-A」第7章-3　ポリアクリルアミドゲル電気泳動（p.154-158）
　　　　　　　　　「参考図書-D」第2章-1-1　SDS-ポリアクリルアミドゲル電気泳動（SDS-PAGE）（p.15-20）

<参考文献>
1) Laemmli, U. K. : Cleavage of structural proteins during the assembly of the head of bacteriophage T4. Nature, 15 : 680-685, 1970

まとめ　触媒量を増やすとともに，空気との接触を減らしましょう．また，残った反応液はビーカー中で重合させ，コントロールとしましょう．

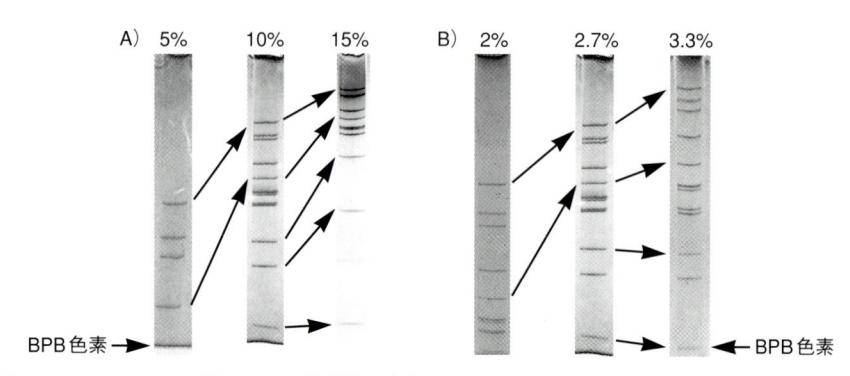

図2-27-3　%T，%Cの違いによる分離能の変化

検体：φx174 *Hinc*II
A）%Tによる変化（%C=2.7）．%Tが上がれば低分子側の分離能がよくなり，%Tが下がれば高分子側の分離能がよくなることがわかります
B）%Cによる変化（%T=10）．%Cがあまり高すぎても分離能はよくありません．通常は，2.7〜3.3%とします．また，SSCP法（→「実験技術：PCR-SSCP法」p.228）など立体構造を見分ける時は，2%程度まで落とします

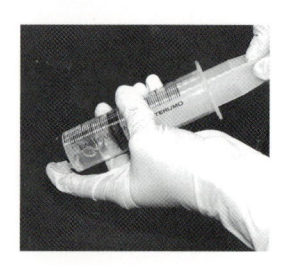

図2-27-4　注射筒を用いた脱気
50m*l*の注射筒に触媒を加えたアクリルアミド溶液を加え，脱気します．減圧すると溶液内部から泡が出てきますから，直ちにガラス板の間にゲルを流し込みます

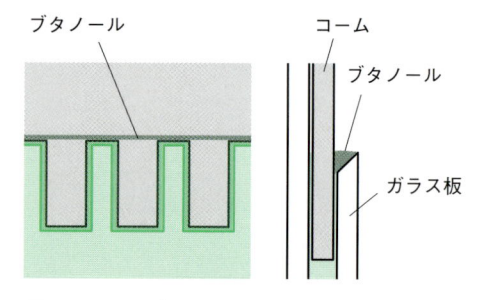

図2-27-5　n-ブタノールによる空気の遮断
ブタノールをコームとガラス板の間に流し込みます．これにより，アクリルアミド溶液は空気と遮断され，重合は進みます

注：アクリルアミドのモノマーは神経毒です．廃棄する際には，重合させてから捨てましょう．筆者は，アクリルアミド溶液を注射筒で多数のゲル板に添加中に誤って手を滑らせ足に刺してしまったことがあります．すぐに血を出した後，消毒して問題なく済みました（毒性の溶液が傷口から入ったかもしれない時は，まず止血せずに血を少し出して毒性溶液が体内に入ることを防いでから消毒・止血しましょう）．

Case2：PCRによるDNA配列の変異解析とシークエンシング

28 Question

銀染色を行ったのですがバックグラウンドが高くて解析できませんでした．どうしてでしょうか？

Answer

水の純度に問題があります．純水を用いれば大丈夫です．

考え方

❶ **どうすればバックグラウンドが高くなるのか？**（→「トラブルを起こす」p.16,「先入観の排除」p.25）

図2-28-1のように全体的にバックグラウンドが上がる場合は，銀染色法の原理を考え，どうなった時かを考えましょう．

対処 実験の原理を知る，試薬/検体の特徴を知る（→ p.32）・プロトコールの作製（→ p.38）・コンタミ（→ p.43）

銀染色の原理を，図2-28-2に示しました．ゲル全体に銀錯体が吸着した状況や，水に含まれた成分により還元反応が自然に起こってしまうと，バックグラウンドが上がります．

染色反応を行う際に用いたプラスティック容器が汚れていると，汚れがゲル内部に浸透し，この汚れに銀錯体が非特異的に吸着してバックグラウンドが上がる場合があります．この場合は，粒状にバックグラウンドが出ます（図2-28-1A）．使用する容器の洗浄を充分に行いましょう．前に使用した容器に銀粒子が付着している場合は，希硝酸で洗浄するとよく落ちます．これは銀粒子が硝酸銀として溶け出すからでしょう．

銀染色キットを用いた場合は通常の蒸留水でも使用できます．しかし，ゲル全体に均一にバックグラウンドが出る場合（図2-28-1B）は，水の純度の問題を考えてみる必要があるでしょう．どのような水にどのような物質が混入している可能性があるかを考えましょう．

135

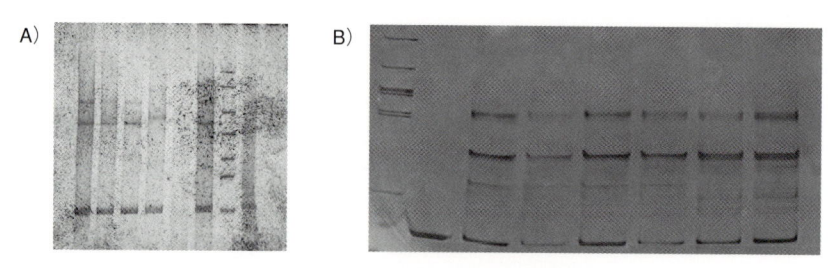

図2-28-1 銀染色のバックグラウンドが高い事例
A) 粒状のバックグラウンドが出た事例．容器の汚れに問題があります
B) ゲル全体にバックグラウンドが出た事例．使用した水に問題があります

$$Ag^+ \xrightarrow{OH^-} Ag(OH) \xrightarrow{-H_2O} Ag_2O \underset{OH^-}{\overset{NH_4^+}{\rightleftharpoons}} [Ag(NH_3)_2]^+$$

↓還元

金属銀（黒色沈殿）★

図2-28-2 銀染色の原理
塩基性の溶液中でプラス電荷の銀アンモニア錯体が形成されると，この錯体はマイナス電荷のDNA（タンパク質中のマイナス電荷アミノ酸）に結合します．還元剤の存在下で銀アンモニア錯体は還元され，銀粒子が形成されます．この粒子は凝集しDNAに結合した状態になるために，黒褐色のバンドとして検出されます．市販のキットでは，銀アンモニア錯体の形成と還元反応を同時に行い，ステップを減らした短時間法が主流です

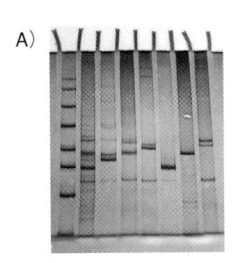

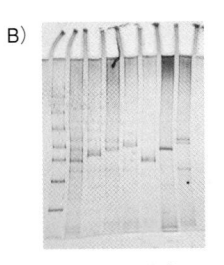

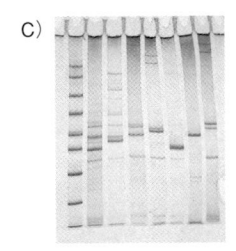

Case2：PCRによるDNA配列の変異解析とシークエンシング

図2-28-3　固定液の違いによるバックグラウンドの変化
A）通常のグリロール濃度で固定，B）グリロール濃度を1/2倍にして固定，C）10%TCA（トリクロロ酢酸）にて固定．固定液のグリロール濃度を下げたり，10%TCAで固定することで，バックグラウンドをかなり下げることができます．
使用キット：Silver Stain Plus（Bio-Rad Laboratories）

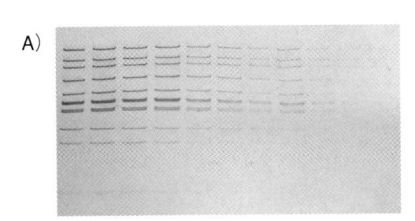

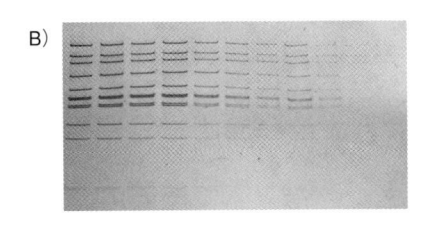

図2-28-4　染色時間とバックグラウンドの変化
A）停止液（酢酸溶液）を加えた状態，B）停止液を加えた後（5分後）の状態
バックグラウンドが高まる前に停止液を加えます（A）．停止液を加えてからも若干反応は進みますから，バックグラウンドは上昇します（B）．A，Bで検出感度に差はないが，バックグラウンドはBの方が高くなっている
使用キット：Silver Stain Plus（Bio-Rad Laboratories）

●水道水
　水道局が管理し上水場で浄化され，飲料規格基準値に基づいた品質管理を通り，水道管によって家庭や事業所に供給される水です．
　実験では，洗剤によるガラス製品の洗浄に用います．

●イオン交換水／脱イオン水
　水道水からイオン交換樹脂によりイオンを除去した水のことです．樹脂の状態により塩素が微量残っていることがあり，銀染色した場合には銀鏡反応することがあります．

●蒸留水
　イオン交換水を沸騰・気化させてできる蒸気を冷却して得た水のことです．$1〜3M\Omega \cdot cm$程度の水が得られます．
　一般の実験は，この水を用いることが多いです．

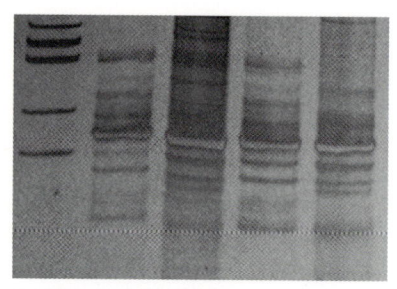

図2-28-5 サンプル量が多い場合の染色
多量のサンプルが存在すると，バンドの色が抜けることがあります

● 純水

　RO（Reverse osmosis）膜処理，MilliQ装置処理，蒸留処理，イオン交換処理等の方法を用いてイオンを除去し，比抵抗値1〜10MΩ·cm程度の水を一般的に純水と呼びます．

● 超純水

　品質管理されたイオン交換樹脂処理，活性炭処理，RO膜処理等を組合わせて処理され，比抵抗値17MΩ·cm以上の純水のことを特に超純水と呼びます．

　バンドは検出されるがバックグラウンドが高い場合は，ゲル固定液のグリセロール濃度が高すぎる場合があります．この場合は，グリセロール濃度を下げるかTCA（トリクロル酢酸）にて固定することで解決できます（図2-28-3）．
　なお，染色時間が長すぎる場合は，当然バックグラウンドは高くなります．濃くなる前に停止液を加えることがコツです．停止液（酢酸溶液）を加えても，ゲル内に充分浸透するまでは反応は継続されます（図2-28-4）．

<参考>
バックグラウンドではありませんが，銀染色の際にサンプル量が多すぎると透明に色が抜けることがあります（図2-28-5）．バンドでこのようなことが多く起こる場合は，サンプル量を1/10程度に減らして電気泳動してみましょう．

▶プロトコール参照▶　「参考図書-D」第2章-1-2-2　銀染色（p.23-24）

まとめ　ゲル全体のバックグラウンドが上がる場合は，水の純度を確認しましょう．また，使用した容器の洗浄も気を付けましょう．

Case2：PCRによるDNA配列の変異解析とシークエンシング

29 Question

論文通りの条件でPCRを行ったのですが全く増えません．どうしてでしょうか？

Answer

PCRの機器や酵素による差があるのでしょう．論文に記載されているものと比較しましょう．若干の条件検討が必要かもしれません．

考え方

❶ **自分のデータを信じて，どうすれば増えないかを考えましょう**（→「トラブルを起こす」p.16,「先入観の排除」p.25）

機器，酵素，プライマー配列などを確認し，自分で実験している条件と論文の条件との違いを確認しましょう．

対処 **実験の原理を知る，試薬/検体の特徴を知る**（→ p.32）**・機器のブラックボックス**（→ p.40）

ルーチン化されて，ほとんど問題が起こらなくなったPCR法です．しかし，落とし穴もあります．特に，ルーチンに行っている研究室はよいのですが，今まではタンパク質の精製や解析だけを行っていたのですが，最近遺伝解析を始めた人は，すこし感覚が違った問題が起こるかもしれません．タンパク質の実験系は，自分で組み立てます．PCR等の実験では，キットや機器を用いますから，上手くいかなくなった時には，原因を見過ごすことがあります．

1 実験に関わる機器，試薬，条件などを確認しましょう

A）機器

PCRの機器は論文と同じでしたか？PCRの機器により温度の上昇度，下降度が異なる場合があります．Thermal cycler（ABI）を用いているのならばよいのですが，違う機器を用いている場合は，機器による違いがある時がありま

139

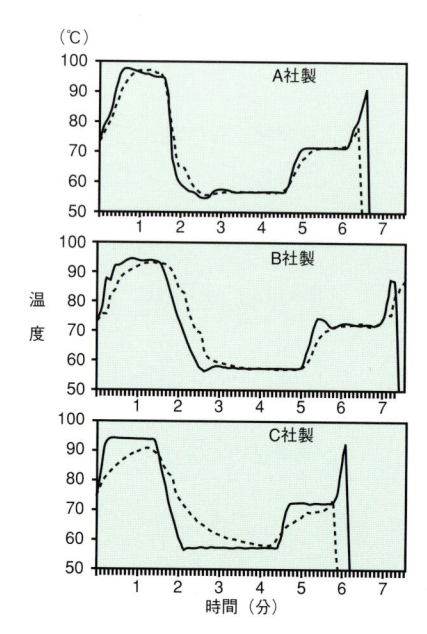

図2-29-1 機器による表示温度と実測値の違い
3社のPCR反応機の比較．表示温度（———），実測値（••••••）．実測値は，反応チューブに温度センサーを入れ，反応チューブ内の液温を測定したものです．A社の機器は表示温度と実測値が比較的一致しますが，C社の機器では解離がみられます．このため，機器に応じた反応条件を設定します

す（図2-29-1）．酵素が同じ場合ならば，論文に示されたアニーリング温度の前後の温度に振って検討する必要があります．

B）酵素

使用している酵素は同じですか？耐熱性酵素には，PolⅠ型，α型（proof reading型）などいろいろな種類があります（→「Q33」p.153）．

100bp以下の短い断片ではあまり問題ありませんが，300bp以上，特にロングPCRなどでは，酵素の種類により増幅しにくいこともあります（図2-29-2）．

C）反応条件

アニーリングの温度だけは論文の条件に合わせ，その他はいつも行っている系に当てはめてませんか？シャトルPCRやタッチダウンPCRなど複雑な系やあまりみなれない系の場合は，特に注意しましょう．

D）プライマー配列

プライマーの配列だけは，GenBankのデータとホモロジー検索して確認しましょう（図2-29-3）．論文のミスプリントの可能性も"0"ではありません．

論文になっているのだからMaterials and Methodsに書かれている通りに行えばできるとは，限りません．よい意味では，大事なノーハウが書かれていないかもしれません．悪くいうと条件が不安定な系かもしれません．PCRなど

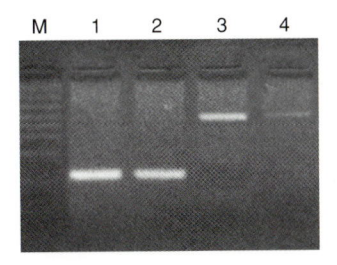

Case2：PCRによるDNA配列の変異解析とシークエンシング

図2-29-2　酵素による増幅状況の違い
　　M：マーカー
　　レーン1,3：A社酵素
　　レーン2,4：B社酵素
同じTaq DNAポリメラーゼと記載された異なるメーカーの製品で増幅状態が変わることがある．100bp以下では問題にならないが，ある程度大きな断片で差が出てきた事例

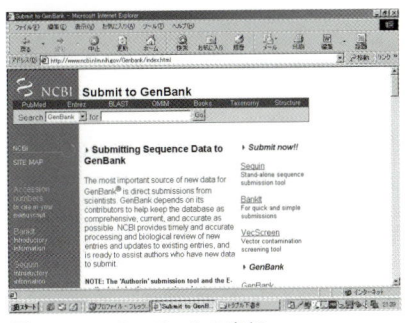

図2-29-3　Gen Bankの表紙

図2-29-4　PubMedの表紙

　基本的な技術では問題ないと思いますが，実験内容によっては著者がその実験方法を専門としないため条件検討が不充分な場合もあります．実例はあげませんが，見たことがある人もいると思います．その論文の著者がどのような実験方法を得意としているかは，過去の論文を調べればわかります．PubMed（図2-29-4）で著者名をキーワードにすれば過去の論文を調べられますので確認しましょう．

▶プロトコール参照▶　「参考図書-B」第1章-4　PCR反応の実際（p.20-30）

＜参考URL＞
Genbank：http://www.ncbi.nlm.nih.gov/Genbank/
PubMed：http://www.ncbi.nlm.nih.gov/PubMed/

まとめ　機器，酵素，反応条件，プライマー配列について，どこが論文と違うかを確認しましょう．特に，通常PCRを行っている条件に無理に合わせていないかをチェックしましょう．

バイオ実験トラブル解決超基本 Q&A

30 Question

以前はPCRで増幅したのですが最近全く増えなくなりました．どうしてでしょうか？

Answer

今までと条件が異なっているところを明白にしましょう．機器のメンテナンス，酵素の種類，自分で作った試薬の差，水の種類などを再度確認しましょう．機器のメンテナンスと水や試薬のロット差が問題の場合があります．

考え方

❶ **どうしたらPCRで増幅しないのか？** （→「トラブルを起こす」p.16,「コントロールを探す」p.21,「先入観の排除」p.25,「サンプルの確認」p.26）

　突然上手く行かなくなることは，バイオ実験では時々あります．毎日同じような実験を行っていても起こることがあります．サンプル，機器，酵素，プロトコール通りか？確認しましょう．

対処 実験の原理を知る，試薬／検体の特徴を知る（→ p.32）・コントロールの設定（→ p.35）・機器のブラックボックス（→ p.40）・サンプル管理（→ p.46）

　以前の実験と何が違うか比較しましょう．
　まず，プロトコールの見間違えや試薬の入れ間違いなどの基本的な操作ミスがないことを確認しましょう．そのためには，実験する際に，プロトコール用紙に記載した項目に添加ごとに"チェック"を入れて確認しましょう（図2-30-1）．また，試薬を加えるごとにチューブの位置を変えるなどして，加えたかどうかの確認ができる実験をしましょう（図2-30-2）．

● **テンプレートDNA**

　以前行った実験は昨日ですか？1カ月前ですか？2年前ですか？1週間以上

Restriction endonuclease treatment

Exp. No. T-146 Date 011216

	Template DNA Name	μg/μl	Restriction enzyme Name	pmol/μl	RNase	10x Buffer (μl)	H₂O (μl)	TioEi (μl)	Volume (μl)	Blue Juice (μl)
1	S121	1/2	—		1	—	—	17	20	2
2	S121	1/2	BamHI	1	1	2	14	—	20	
3	S121	1/2	EcoRI	1	1	2	14	—	20	
4	S121	1/2	SacI	1	1	2	14	—	20	
5	λHindⅢ	0.5/1	—	—	—	—	—	19	20	
6	S136	1/3	SacI	1	1	2	13	—	20	
7	S136	1/3	EcoRI	1	1	2	13	—	20	
8	S136	1/3	BamHI	1	1	2	13	—	20	
9	S136	1/3	—		—	—	—	16	20	↓
10										

図2-30-1 プロトコールにチェックを入れる
試薬を加えるごとに"✓"を入れます．慣れてくると行わなくなりますが，トラブルが起きた時はきっちり行いましょう

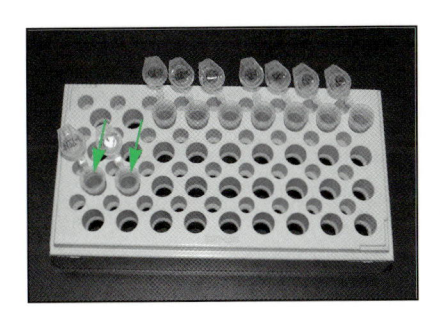

図2-30-2 ラックのチューブの位置を変える
試薬を加えるごとにチューブを移動させ，どのチューブまで試薬を加えたかわかるようにしましょう

の長期間保存したテンプレートDNAの場合，保存中に分解してしまったかもしれません．

　ゲノムDNAなどの高分子DNAは，凍結融解による物理的な分解を防ぐためにも，凍結せず無菌的に保存する方がよいと思われます．溶媒がTE緩衝液の場合は，DNaseの阻害剤であるEDTAが含まれていますから問題ありませんが，滅菌水に溶かしている場合は，取り扱い中にDNaseが混入すると壊れてしまいます．DNAの母液からの分注は，クリーンベンチで行うくらいの慎重さが必要です．また，凍結融解を避けるために凍結保存する場合は，小分けにした方がよいでしょう．（→「Q21」p.114）

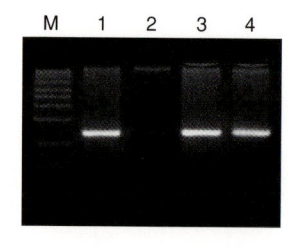

図2-30-3　試薬の組合せ実験
M：マーカー，レーン1：全て新しい試薬使用，レーン2：プライマー（旧ロット）他は全て新しい試薬使用，レーン3：dNTP（旧ロット）他は全て新しい試薬，レーン4：水（旧ロット）他は全て新しい試薬．
テンプレートDNA，酵素以外の試薬を調べた例．レーン1がコントロールとなり，この場合はプライマーに問題があるとわかります．レーン2にはプライマーのバンドも見えませんからプライマーの保存管理に問題があったようです

●機器
　PCR反応装置は同じ機器ですか？最近，その機器でトラブルが起こっていないかどうか，予約帳を確認して機器を使用した人に聞いてみましょう．
　また，オーバーホールしたかどうか記録用紙で確認しましょう．
　温度センサーが用意できれば，温度変動を測定し，過去のデータと比較しましょう（定期的に機器の管理をしていることが前提ですが，．）．

●酵素
　以前の実験と今回の実験とで，メーカー，ロットが異なっていないかどうか確かめましょう．同じ種類の酵素でもメーカーによって性能が異なる場合があります．

●水，dNTP，10×緩衝液，プライマー
　以前の実験と今回の実験とで，メーカー，ロット（プライマーは合成日時）が異なっていないかどうか確かめましょう（自作の場合は，分注したロットも確かめましょう）．

●コントロール実験
　長期間の間をおいて実験する場合は，テンプレートとして培養細胞から抽出したDNAなどをコントロールとして増幅し，試薬等の問題かテンプレートの問題かを確かめましょう．また，新しいロットと古いロットの試薬を組み合わせて実験することで，どの試薬に問題があったかを確かめられます（図2-30-3）．

▶プロトコール参照▶　「参考図書-B」第1章-4　PCR反応の実際（p.20-30）

まとめ　基本的に実験管理の問題が大きいのでしょう．この反応にかかわる各試薬ごとに確認をしましょう．

Case2：PCRによるDNA配列の変異解析とシークエンシング

31 Question

PCRで増幅し電気泳動したのですが，スメアー状になり特異的に増幅がされませんでした．どうしてでしょうか？

Answer

DNAが壊れている場合と，PCR反応が不均一に行われている可能性があります．反応開始まで氷に浸けておくことや，左右のプライマー量を確認しましょう．

考え方

❶ **どうするとスメアー状に増幅するのか？** （→「トラブルを起こす」p.16，「コントロールを探す」p.21，「サンプルの確認」p.26）

スメアー状とは，非特異的なバンドが無数出ているということです．

対処　実験の原理を知る，試薬/検体の特徴を知る（→ p.32）・プロトコールの作製（→ p.38）

図2-31-1のようにスメアー状になる場合は，下記のようなことが起こっている可能性があるのでしょう．

❶ 反応時のアニーリング温度が低い，などで特異性が出なかった
❷ プライマーの量が左右で異なり，不均一に増幅し，スメアー状になった
❸ プライマーのデザインでGC含量が高い
❹ テンプレートDNAが壊れている（検体の評価・管理）
❺ PCR増幅後，電気泳動するまでにDNAが壊れた（検体管理）

まず検体（テンプレートDNA）の問題か，反応条件・試薬・機器の問題かを明確にします．同時に，複数のDNAを増幅する場合は，1検体でも増幅していれば，試薬や反応系の問題ではなく検体固有の問題として検討できます．

1 コントロール

培養細胞のDNA（A260/A280＝約1.8と評価されている標品：→「Q20」

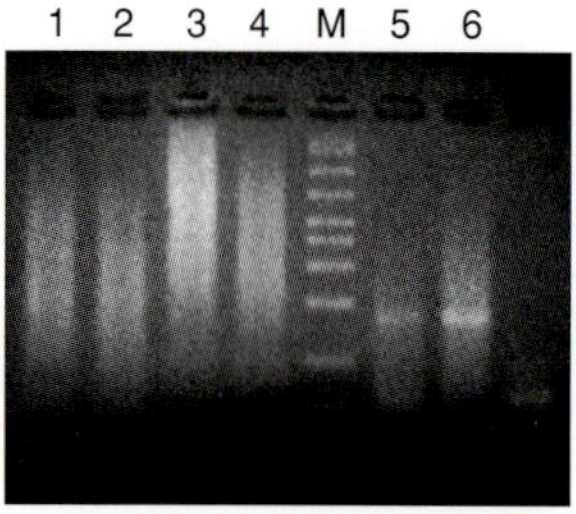

図2-31-1 スメアー状になった増幅バンド
マーカーDNAのラダーは検出されていますから，電気泳動には問題ありません（M：マーカー）

図2-31-2 アニーリングの温度と増幅
M：マーカー
レーン1：アニーリング50℃
レーン2：アニーリング60℃

p.110）や市販のヒト胎盤DNA（例えば，Germline Placental DNA, Uncut Catalog Number P1600：Intergen）など品質のはっきりしているものをPCRで増幅させ，コントロールにします．このような，コントロールになりうるテンプレートDNAを常に用意しておいた方がよいでしょう．

テンプレートDNAが極端に壊れていた場合は，実質的なテンプレートDNAの量が少ない為にバンドは薄くなりますが，スメアー状には見えないはずです．

2 反応系の問題

品質がしっかりしているテンプレートDNAでもスメアー状になる場合は，実験ステップを追ってチェックする必要があります．

A）アニーリング温度の問題

アニーリング温度が低い可能性があります．通常のアニーリング設定温度であるTm－5℃に比べ，低くなっていないか確認しましょう．

DNAの融解温度Tmの近似式：

$Tm = 4 \times (G+C) + 2 \times (A+T)$ （20mer以下の場合の近似式）

アニーリング温度が低すぎてスメアー状になった例（図2-31-2 レーン1）

B）耐熱性酵素の量

耐熱性酵素の量が多くありませんか？ 0.5～1.25u/50μl程度が適当です．いたずらに多くの酵素を入れるとスメアー状になることがあります．

C）サイクル数・伸長反応時間

サイクル数は，普通25～35です．40サイクルにて反応を行った場合，スメアー状になることがあります．また，Touch down法やStep down法などを用いることで回避できることもあります．

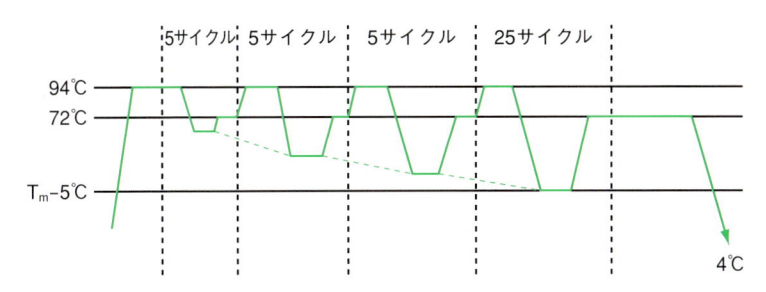

Case2：PCRによるDNA配列の変異解析とシークエンシング

図2-31-3　Touch down法，Step down法での反応中の温度変化
アニーリングの温度をサイクルごとに徐々にTm値−5℃まで下げていきます．
1℃ずつ下げるのがTouch down法，数℃ずつ下げるのがStep down法である

3 実験操作の問題

A）プライマーの量が左右で不均一になっている

　PCR反応の仕込みを行う場合，各試薬はμlの単位です．例えばプライマーを1μl（10pmoles）加えたとします．練習した人でも1μlでのピペッティング誤差はCV＝5〜10％あります．このために，ピペッティングを充分に練習していなければ，かなりのバラツキがあると思った方がよいでしょう．プライマーの量が片方だけ倍近く入ることもありえます．

　また，仕込みの際に試薬の添加をチェックしながら行わなければ，誤って2回加えてしまうこともあるかもしれません．

　PCR反応を行う際の試薬をプレミックス溶液として調製する方法が一般化しています．この場合は，大量に調製しますからピペッティング誤差はかなり減らされます．例えば，100μlのピペッティング誤差は，CV＝1％以下に押さえられます．しかし，大量調製にミスがあれば，すべての実験が御破算になります．大量調製した後で，一度PCRを行って検定しましょう．

4 仕込み中，仕込み後のチューブの保存・増幅産物チューブの保存

　PCR反応液にはMg^{2+}が含まれています．このため，DNaseが混入してい

＜参考＞Touch down法・Step down法

アニーリングの温度を，始めはTmよりも高めで行い，段々下げてゆく方法です（図2-31-3）．この方法を用いれば，始めにTmよりも10℃程度高いアニーリング温度で特異性を高く増幅します．しかし，Tmよりもかなり高温でアニーリングさせるために，増幅効率は落ちますが特異的に増幅した分子が多く生成されます．その後，少しずつ温度を下げてアニーリングさせることで特異的な配列をもった分子が多く増幅されます．このような段階を踏んで増幅する方法のうち，高温のアニーリング温度からサイクルごとに1℃ずつアニーリング温度を下げて増幅させる方法をTouch down法[1]といい，数度ずつ数段階で温度を下げる方法を，Step down法[2]といいます．どちらも非特異的な増幅を防ぐために有効な方法です．

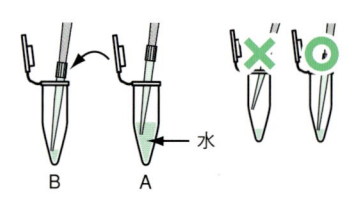

2μl×10回，1μl×10回：バラツキ10%以内
- マイクロピペットの目盛りを2μlに合わせる
- チューブAより水を2μlを採取し，チューブBに移し入れる
- この操作を10回繰り返す
- ピペットマンの目盛りを18μlに合わせる
- チューブBから18μl採取できるか確かめる．さらに19μl採取できるか確かめる．次に，1μlを20回加えて上記と同じように検定します

図2-31-4　簡易ピペット検定方法

ると活性化され，DNAを壊します．

　まず，使用する溶液やチューブは，すべて無菌的になっていることを確認しましょう．この無菌的の意味は，DNaseが含まれていないということです（DNase Free）．また，仕込んだ後は，PCR反応をさせるまで氷中に置きましょう．万が一DNaseがコンタミしていても，低温で反応速度を鈍らせ，PCRの最初のステップ（94℃）に一気に移すことでDNaseを失活できます．このため，ミスアニーリングを防ぐ意味でもあらかじめ反応槽は94℃にセットしましょう．

　また，PCR産物は蓋を開けるまではDNase Freeのはずです．PCR反応終了時から次の反応にもっていくまでにだ液や汗など実験者からDNaseが混入しないように気を使いましょう．

　電気泳動サンプルとして一部を採取する場合に，話ながら行わないなど気を使いましょう．会話をしなければマスクは着用しなくてもよいでしょうが，手袋ははめた方がよいでしょう．

▶プロトコール参照▶　「参考図書-B」第1章-4　PCR反応の実際（p.20-30）

<参考文献>
1）Roux, K. H. : Using mismatched primer-template pairs in touchdown PCR. Biotechniques, 16 : 812-814 : 1994
2）Hecker, K. H. & Roux, K. H. : High and low annealing temperatures increase both specificity and yield in touchdown and stepdown PCR. Biotechniques, 20 : 478-485, 1996

<参考>
簡易ピペット検定方法は，図2-31-4を参照してください．マイクロピペットの練習になります．また，マイクロアッセイの際にチューブの壁に液が飛んだ場合は，マイクロ遠心機（チビタン等）により1秒程度遠心し，液をチューブの底に集めます．

まとめ　アニーリング温度や左右のプライマー量の違い，酵素量などを再確認しましょう．

Case2：PCRによるDNA配列の変異解析とシークエンシング

32 Question

PCRで増幅したのですが非特異的な増幅が多いです．どうしたらよいでしょうか？

Answer

まずは，アニーリングの温度を振ってみましょう．さらにホットスタート法で検討しましょう．

考え方

❶ **どうしたら非特異的な増幅が起こるのか？**（→「トラブルを起こす」p.16，「先入観の排除」p.25）

非特異的増幅が起こるしくみを実験条件やプライマーデザインから考えてみましょう．

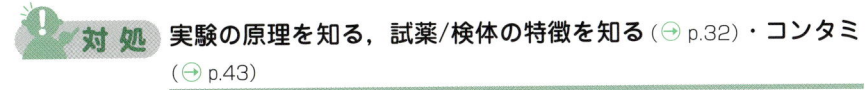

対処　実験の原理を知る，試薬/検体の特徴を知る（→ p.32）**・コンタミ**（→ p.43）

実は，Q31（→p145）にあるPCR産物がスメアー状になる状況の一部は，非特異的な増幅によるものです．スメアー状になる原因の1つは，塩基対数が異なる多種類の非特異的な増幅が起こったためです．

非特異的な増幅の原因としては，❶アニーリングの温度が低い，❷伸長時間が長い，❸サイクル数が多い，❹Mg^{2+}濃度が不適切，❺酵素量が多い，❻プライマーのデザインが悪い，などがあげられます．各々について考えてみましょう．

1 アニーリング温度

アニーリングの温度が低すぎるために非特異的にプライマーが無関係な配列にアニーリングし，非特異的な増幅が起こる場合があります．この場合はアニーリング温度を高めてみましょう．その時の温度基準は，Q31（→p145）に記載されているTm値です．Tm値−5℃を基準にアニーリング温度を設定しますが，特に左右のプライマーのTm値が大きく異なる場合は，低いプライ

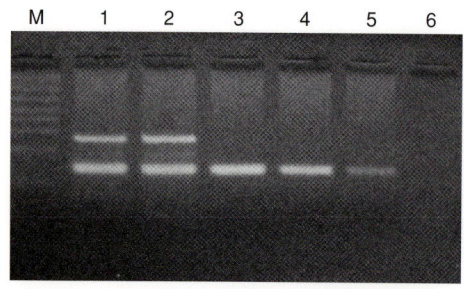

図2-32-1 アニーリング温度と非特異的増幅
M：マーカー
アニーリング温度：37℃（レーン1），43℃（レーン2），53℃（レーン3），58℃（レーン5），65℃（レーン6）．ここで使用した2つのプライマーのTm値は56℃と60℃です．そこで計算上でのアニーリング温度はTm-5℃で51～55℃となります．実験の結果でも，53～58℃が至適なアニーリング温度です

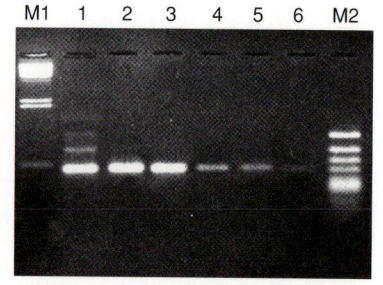

図2-32-2 サイクル数による非特異的増幅
M1, M2：マーカー
サイクル数：60（レーン1），45（レーン2），35（レーン3），25（レーン4），15（レーン5），10（レーン6）．
サイクル数は35程度が適切です．多過ぎると非特異的なバンドが見えてきます

マーに合わせると非特異的なバンドが検出され，高いプライマーに合わせるとバンドが検出されない場合がでてきます．試行錯誤で温度設定を行うか，プライマーのデザインを変えましょう（図2-32-1）．

PCRの特異性は，プライマーが相補的な配列に水素結合するか否かで決まります．そして，水素結合の強さは，温度と塩濃度で決まります．温度が低く塩濃度が高ければ，水素結合は非特異的に強くなります．そこで，非特異的な増幅が起こるには，アニーリングの温度が下がっているか，塩濃度が上げる場合です．またMg^{2+}の影響もあります．通常反応液の塩濃度は一定（基本的な反応緩衝液組成は，10mM Tris/HCl pH8.3, 50mM KCl, 1.5mM $MgCl_2$です．PCR用酵素を購入すると，10×緩衝液として添付されています）ですから，非特異的な反応は，アニーリングの温度が低い場合に起こります．つまり，他に似たような配列があれば，ミスアニーリングしやすくなります．

2 伸長反応時間・サイクル数・Mg^{2+}濃度・酵素量

伸長反応時間が長過ぎたり，サイクル数が多すぎて非特異的な反応が起こることがあります（図2-32-2）．またMg^{2+}濃度を上げると増幅率がよくなる代わりに，非特異的な反応が起こる場合があります．酵素が多過ぎても非特異増幅が起こります．終濃度0.01～0.02 unit/μl程度にしましょう．

3 ホットスタート法

プライマーどうしがアニールしてプライマーダイマーが増幅したり（図2-32-3），アニーリングの温度を変えても消えないバンド（増幅）がある場合は，ホットスタート法が有効です．ホットスタート法とは，PCRの最初のステッ

Case2：PCRによるDNA配列の変異解析とシークエンシング

プライマーF
5' GTGCTGCAGGTGTAAACTTGTACCAG 3'
      \\\\ |||| /
   3' GTTGAGATGGCGACGATGGCCTAGGCAC 5'
                            プライマーR

PCR反応

↓

アニーリング

プライマーダイマーの増幅

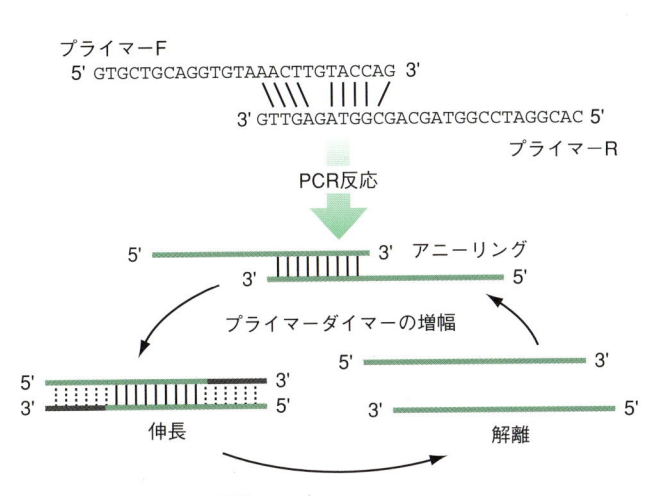

伸長　　　　　　　　解離

図2-32-3　プライマーダイマーの増幅
プライマーどうしで相補的な配列があった場合，その塩基どうしがアニールしてポリメラーゼ反応が起こりうる．これが繰り返されることでプライマー2量体（ダイマー）が増幅します

M　1　2　3　4　5　6　7

← PCR産物
← プライマーダイマー
← プライマー

M：マーカー
レーン1：プライマーのみ
レーン2：テンプレートDNA（−）
レーン3：アニーリング57℃
レーン4：アニーリング60℃
レーン5：アニーリング63℃
レーン6：ホットスタート法
　　　　（ワックスを用いた方法）
レーン7：ホットスタート法
　　　　（AmpliTaqGold）

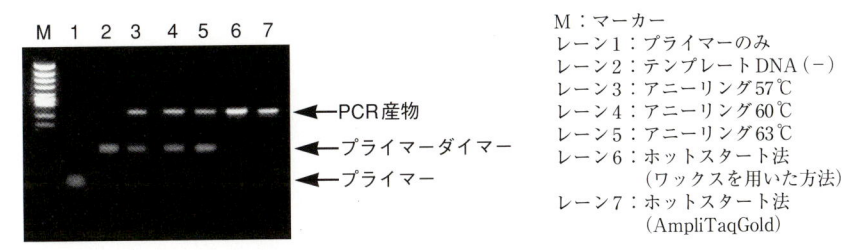

図2-32-4　ホットスタート法
アニーリングの温度を上げてもプライマーダイマーが残ります．ホットスタートによりプライマーダイマーが消失しています

プで高い温度になるまでDNAポリメラーゼ反応が起こらないようにしてPCRを行う方法です．PCRの最初のステップで温度が上昇する途中で非特異的にプライマーがアニーリングを起こし，それによりTaq DNAポリメラーゼで増幅反応が起こり，非特異的な反応が起こることを防ぎます．

　ワックスでプライマーとテンプレートDNAを分け，高温でワックスが溶けることで反応を開始させる方法と，高温にならないと活性をもたないように改良された耐熱性酵素を用いる方法があります．改良酵素には，酵素に抗体を結合させたり［PLATINUM Taq DNA polymerase（インビトロジェン）他］，組換え操作で酵素自身を改良したもの［AmpliTaq Gold（ABI）］などがあります

（図2-32-4）．

4 プライマーのデザイン

プライマーデザインに問題がある場合もあります．例えば，GC含量が高かったり長さが短かったりして他の配列にもアニールしやすい場合があります．さらに，プライマーダイマーができやすいデザインになっている場合もあります．

また，Gが4つ並んだプライマーでは，まれにテトラプレックス構造をとることがありますから，なるべくGは4つは並ばない方がよいでしょう．

長さ20～30mer程度で，GC含量は50%を超えないようにデザインするようにし，左右のプライマーは，可能な限りTm値を一定にした方がよいでしょう．デザインにおいては，まず過去の論文に適当なプライマーがあるかどうかPubMedやGenBankで調べます．自作する場合は，OligoやPrimer3などのデザインソフトを用いたり，Web上のAmplifyなどのソフトを用いてデザイン後の増幅シミュレーションやダイマー形成の可能性を探ることも事前に必要です．また，似た配列が予想される場合は，GenBankからデータを引き出し，DNASISなどを用いてホモロジーを検索しておくことも大切でしょう（→ ＜参考＞）．

5 他のPCR産物のコンタミ

変異解析や細菌の有無などをPCRで検討する場合では，他の実験で増幅したPCR産物がPCR反応仕込み中にコンタミして，自分の検体には存在しない変異や菌が存在するかのように増幅されることがあります．PCR産物は低分子ですから，ピペッティング操作の際などに，他のPCR産物が空中を俟って仕込みにコンタミする可能性があります．そこで，PCR反応の実験の際には，増幅を行う部屋と産物を解析する部屋は分けて行いましょう．これも，自分の検体にはない配列が増幅したという意味で，非特異的な増幅の範疇かもしれません．

▶プロトコール参照▶ 「参考図書-B」第1章-4 PCR反応の実際（p.20-30）

＜参考＞プライマーデザインに役立つソフトウェアとWebサイト
Oligo：OLIGO™ Primer Analysis Software（米国MBI社：タカラバイオ販売）[プライマーデザインソフト]
Primer3： http://www-genome.wi.mit.edu/genome_software/other/primer3.html
DNASIS： DNASIS-Mac & DNASIS-Windows（日立ソフトエンジニアリング：タカラバイオ販売）[DNA解析ソフト]
Amplify： http://www.wisc.edu/genetics/CATG/amplify/ [PCRプライマーデザイン・増幅シミュレーションソフト（Webサイトからダウンロードできます）]
GenBank： http://www.ncbi.nlm.nih.gov/Genbank/index.html [DNA配列データベースサイト]
PubMed： http://www.ncbi.nlm.nih.gov/PubMed/ [文献検索サイト]

まとめ　まず，アニーリングの温度を上げてみましょう．

Case2：PCRによるDNA配列の変異解析とシークエンシング

33 Question

DNA合成酵素を他の種類に変えたところ，増えなくなることがあります．どうしてでしょうか？

Answer

耐熱性DNAポリメラーゼによってFidelityが高いもの，よく増えるもの，ホットスタートが得意なものなどがあるからです．必要に応じて使い分けましょう．また，購入後の保管状況も確かめましょう．

考え方

❶ PCRに用いる耐熱性DNAポリメラーゼはTaq DNAポリメラーゼだけでしょうか？（→「プロトコールに忠実か」p.25,「先入観の排除」p.25）

PCRに用いる耐熱性DNAポリメラーゼにはどんな種類があるか確認しましょう．

対処　実験の原理を知る，試薬/検体の特徴を知る（→ p.32）

1 PCR用酵素の種類

増えなくなったり非特異的なバンドが見えてくるのは，どのような状況が起こった時でしょうか．いろいろな耐熱性DNAポリメラーゼの特徴を調べてみましょう．

まず各酵素の性質をよく見ておくことにしましょう（表2-33-1）．

耐熱性DNAポリメラーゼには，PolⅠ型とα型があります．PolⅠ型は，大腸菌などの細菌がもつ酵素のタイプです．代表的なものとして，細菌の中でも *Thermus aquaticus* など高熱性細菌由来のもので，昔からPCRで使用されている *Taq* DNA ポリメラーゼなどがあります．一方，古細菌（始原菌）由来の酵素をα型といい，*Pyrococcus furiosus* 由来の *Pfu* DNAポリメラーゼが代表的です．

PCR反応にかかわる性質としては，DNAポリメラーゼ活性はPolⅠ型の方がα型よりも強いため，PolⅠ型の方が増幅効率は高くなります．α型は，DNA合

153

表2-33-1 耐熱性DNAポリメラーゼの特徴

	polⅠ型	α型
代表的な酵素	Taq DNA ポリメラーゼ	Pfu DNAポリメラーゼ
DNAポリメラーゼ活性	◎	○
3'→5'ヌクレアーゼ活性	×	○
5'→3'ヌクレアーゼ活性	○	×
有効な技術	DNA増幅 TAクローニング TaqMan法	DNA増幅 変異解析

成の際の間違ったヌクレオチドの取り込み，すなわちmissincorporationを防ぎFidelity（塩基配列が正確に複製され，途中での反応停止が少ないこと）を高めることができるように，3'→5'ヌクレアーゼ活性（Proof reading活性）をもっています．これは，われわれヒトを含めた真核細胞と同じです．このため，DNA配列の正確な増幅ができ，テンプレートDNAには存在しない変異配列がPCR反応中にできてしまう確率が低くなります．しかし，TAクローニングを行いたい時には，3'末端のAが除去されるために使用できません．

一方，PolⅠ型は，5'→3'ヌクレアーゼ活性をもっています．この性質を利用してTaqMan反応によるリアルタイムPCR［→「実験技術：リアルタイムPCR」p.240］も可能になります．現在市販されている酵素は両者の特徴を併せもつようにつくられている混合型もあります．長いDNAを増幅する場合には，Proof reading機構がなければ増幅できません．**特にFidelityが重要なlong PCR（1kbp以上の長い増幅を行うPCR）に特化した酵素は，PolⅠ型，α型のよい面を併せもつように混合したものがあります（混合型）**．また，ホットスタート法に特化させ，非特異的な増幅を抑えられる酵素（AmpliTaq Gold：ABI）も市販されています．この酵素を用いる場合は，始めに94℃，10分間をプログラムし，酵素を活性化させる必要があります．また，仕込み中に万が一DNaseが混入していても94℃処理中に失活させることができます．

結局，酵素によって状況は変わりますから，酵素を値段で選んではいけません．まず，PolⅠ型かα型かを調べましょう．カタログには，PolⅠ型，α型という表現ではなく「3'→5'ヌクレアーゼ活性を含む耐熱性DNAポリメラーゼ」とか具体的な機能や事例として記載されていることが多いので，PolⅠ型かα型かあるいは混合型かを見極めて購入しましょう．

酵素を変えたところ増幅しなくなった場合は，以上のような2種類の酵素の差が原因であるかどうかを確認します．図2-33-1では，テンプレートDNA，dNTPや滅菌水，プライマーのロットを共通にして，市販されている種々の酵素で増幅しています．製品Cは高分子DNA断片の増幅が起こりにくいので，PolⅠ型のようです．製品A，Bは，α型か混合型のようです．各酵素の仕様

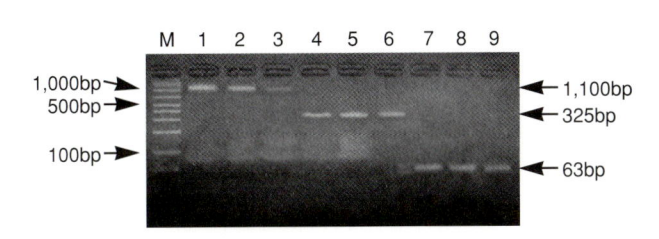

Case2：PCRによるDNA配列の変異解析とシークエンシング

図2-33-1　種々の市販耐熱性DNAポリメラーゼを用いたサイズが異なるDNA断片の増幅

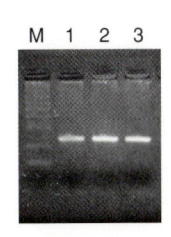

レーン1, 4, 7：製品A
レーン2, 5, 8：製品B
レーン3, 6, 9：製品C
製品A, Bでは，63bp〜1,100bpまでのDNA断片が増幅されるが，製品Cでは，高分子DNA断片が増幅しにくいことがわかります

図2-33-2　室温や冷蔵庫に放置したTaq DNAポリメラーゼの評価
M：マーカー
レーン1：通常（−20℃）保存（コントロール）
レーン2：室温1日放置後
レーン3：冷蔵庫2週間保存後

を説明書で比較して，タイプの異なるものかどうかを確かめましょう．

2 活性が落ちている可能性

　購入後の保存状態，受け取ってから冷凍保存するまでのいきさつ（直送だったのか？　代理店担当者から受け取ったのか？　自分が受け取ったのか他人が受け取ったのか？　すぐに冷凍されていたのか？　冷凍庫が停電しなかったか？　など）を確認しましょう．通常，制限酵素なども含め酵素類は，直送もしくは代理店の担当者が持参します．自分で受け取るか，保存方法を知っている人が受け取るようにしておきましょう．

　新しい外国メーカーのキャンペーンで安い酵素があります．通常の増幅には問題ありませんが，非特異的増幅が起きやすい系では上手く行かないこともあります．**大量購入する際には，必ず先行サンプルを入手して自分の系で使えるかどうか確かめましょう．**

　筆者は，氷に挿していた某社のTaq DNAポリメラーゼを忘れて挿したまま帰宅し，次の日に氷が溶けて水に浮いていた酵素を使ったり，室温に置き忘れて次の日に使ったり，2〜8℃の冷蔵庫に入れておいて2週間経って使ったが，全く問題がなかった経験があります（図2-33-2）．しかし，結果オーライではなく管理をしっかりやりましょう．

▶**プロトコール参照**▶「参考図書-B」第1章-3　耐熱性ポリメラーゼの選択（p.16-20）

まとめ　酵素の種類と特徴を確認しましょう．また，酵素購入後の保管にも注意しましょう．

バイオ実験トラブル解決超基本 Q&A

34 Question

PCR-RFLP法では変異が検出できたのに，PCR-SSCP法では検出できないことがありました．どうしてでしょうか？

Answer

PCR-SSCP法では，変異の位置や泳動条件により検出しにくい場合があります．少なくともPositive Controlを置いて実験しましょう．

考え方

❶ ○○法となっているとその方法が万能と思ってしまいませんか？（→「先入観の排除」p.25）

いろいろな変異スクリーニング法の特徴を知った上で実験しましょう．そして方法の限界を考えてみましょう．

対処 実験の原理を知る，試薬/検体の特徴を知る（→ p.32）・コントロールの設定（→ p.35）・実験の重複（→ p.37）

実験方法には，必ず得意なところと不得意なところがあります．
PCR-RFLP法（→「実験技術：PCR-RFLP法」p.228）は，制限酵素で切れるか切れないかで判定するために実験が容易で便利な方法ですが，変異していない時に切れる，変異した時に切れるの2種類をペアで行うことが一番有効です．しかし，調べたい配列が限定され目的とする配列を切断できる酵素がなければできません．
一方，PCR-SSCP法（→「実験技術：PCR-SSCP法」p.228）では，変異部位を限定する必要がない点はよいのですが，実験条件によっては，変異が検出できない場合があります．また，そもそも変異する配列の位置により立体構造の違いが少ない場合もあります（図2-34-1）．このような場合は，プライマーの位置をずらすと結果が判定しやすい場合もあります．泳動緩衝液の組成（泳動中のpH，塩濃度），グリセロール濃度（5〜10％），検出方法（放射性PCR-

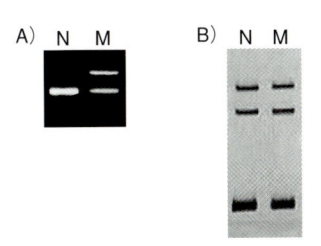

Case2：PCRによるDNA配列の変異解析とシークエンシング

図2-34-1　変異の検出
A）PCR-RFLP法での検出，B）非放射性PCR-SSCP法による検出
N：両アリルとも変異がない検体，M：一方のアリルに変異をもつ検体
Aでは変異が検出でき，Bでは検出できていない．
立体構造の違いは，DNA断片の中央部にある方が大きいとされています．このためにDNA断片の端（プライマーよりは内側）に変異がある場合は，検出しがたい場合があります．
このような場合は，プライマーの位置をずらします．また，エクソン内の変異をみる場合が多いので，プライマーをイントロン内にデザインすることもあります．

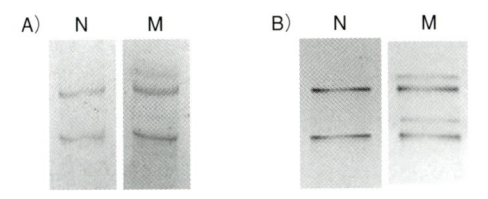

図2-34-2　PCR-SSCP法における電気泳動緩衝液の影響
A）TBE緩衝液，B）Tris/Glycine緩衝液
正常細胞（N）に対し変異をもつ細胞が少ない検体（M）についての分析結果．
TBE系でははっきりしないバンドも，Tris/Glycineでは明確に検出されます

SSCP法か非放射性PCR-SSCP法か）など泳動条件によって結果は異なってきます（図2-34-2）．このように，変異検出法はいろいろありますが，おのおの特徴がありますので自分で評価して用いなければなりません．
　以上のことから，PCR-RFLP法では検出できるがPCR-SSCP法では検出できない原因として，**プライマーのデザインや電気泳動の条件検討が必要です**．検出方法の限界を知ってデータは解釈する必要があります．Positive Control, Negative Controlを必ず置いて，各実験の管理も忘れずに行う必要があります．また，スクリーニングの後は必ずシークエンシングで確かめるなど，できるだけ原理の異なる複数の方法を用いて確認しましょう．

▶**プロトコール参照**▶　「参考図書-A」第7章-1　原理（p.141-143）

まとめ　Positive Control, Negative Controlを置き，管理された実験のもとで変異は検出しましょう．

35 Question

PCR産物をゲルから切り出して精製しているのですが，次の制限酵素反応やシークエンシング反応がうまく行かないことがあります．どうしてでしょうか？

Answer

アガロースは酵素反応の阻害剤です．精製に際しては，確実に除かなければなりません．

考え方

❶ どうすれば制限酵素反応やシークエンシング反応が進まなくなるのか？（→「トラブルを起こす」p.16）

阻害物質が混入するかゲルからDNAが回収されていない状況でしょう．よく用いるガラスビーズ法とカラム精製法で考えてみましょう．

対処 実験の原理を知る，試薬/検体の特徴を知る（→ p.32）・プロトコールの作製（→ p.38）

アガロースは酵素反応を阻害します．酵素反応が上手く進まない原因は，アガロースのコンタミが一番の問題でしょう．

ガラスビーズ法の場合は，ゲルを充分に溶かすことが必要です．PCR産物で塩基対数が1kbp以下の場合の分離には，Nusieve 3 : 1 アガロースなどの4〜5%ゲルを用いることになるでしょう．これらのゲルは，もろさがなく電気泳動後のゲルの取り扱いは便利ですが，NaⅠでの溶解の際には溶けにくい難点があります．ゲルをあらかじめ細かくスライスするとともに，NaⅠでの溶解時間を15分程度まで延ばして充分に溶かしましょう（図2-35-1）．その他の詳細は，Q9（p.78）を参照してください．

しかし，そもそもゲルで分離してから精製するということは，PCRで非特異的な増幅があるからです．PCRの条件設定を充分に行い（→「Q31」p145，「Q32」p149），非特異的な増幅がない条件にしてから，フェノール抽出・エ

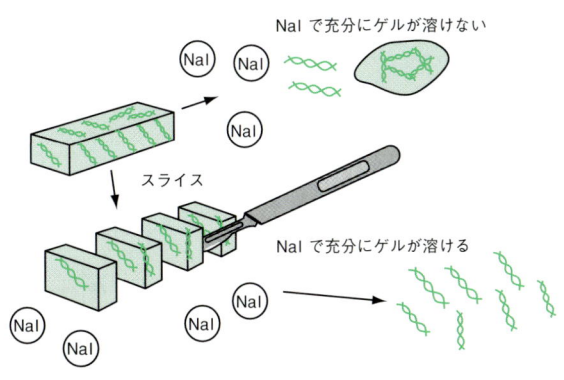

Case2：PCRによるDNA配列の変異解析とシークエンシング

図2-35-1 ゲルをスライスしてからNaI処理
高濃度のゲルは，泳動後スライスして小さくしてからNaIで溶かします

タノール沈殿やカラムで精製しましょう．PCR反応後，dNTP，耐熱性ポリメラーゼ，プライマー，緩衝液（塩）などを取り除く必要があります．シークエンシング反応や制限酵素反応では，特有な緩衝液やdNTP濃度が必要です．このために，PCR産物である二本鎖DNAのみにする必要があります（図2-35-2）．

筆者は，MiniElute PCR purification kit (QIAGEN) を使用しています．簡便で再現性よく精製が可能で，シークエンシング反応にすぐに使用できます．

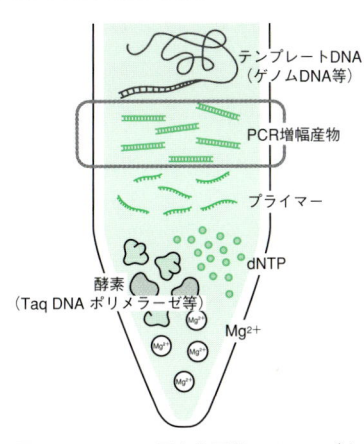

図2-35-2 PCR反応終了後のチューブ内
PCR反応後，チューブ内にはPCR産物以外にプライマー，dNTP，Mg^{2+}，Taq DNAポリメラーゼなどが残っています．これらは，シークエンシングなどの反応に影響するため，精製し除く必要があります

▶プロトコール参照▶ 「参考図書-A」第7章-2-5 アガロースからのDNAの回収（p.150-154）

> **まとめ** アガロースゲルからの精製に際しては，ゲルの溶解に気を付けます．PCRの条件を検討し，カラム等での簡便な精製ができるようなプロトコールをつくりましょう．

バイオ実験トラブル解決超基本 Q&A

36 Question

充分量のPCR産物を用いて蛍光シークエンシングを行ったのですが，パターンが出ません．どうしてでしょうか？

Answer

テンプレートDNAの量が少ない，または色素の除去ができていない可能性があります．

考え方

❶ どうすればシークエンシングパターンが出なくなるのか？（→「トラブルを起こす」p.16,「プロトコールに忠実か」p.25）

シークエンシング反応に絞ってプロトコールを追って考えてみましょう．

対処 実験の原理を知る，試薬/検体の特徴を知る（→ p.32）・実験の重複（→ p.37）・機器のブラックボックス（→ p.40）

PCR産物のシークエンシングデータで，図2-36-1Aではピークが重なっているため"N"になったり正確に読めていないようです．また図2-36-1Bでは，随所に大きなピークが出てきて塩基配列が読めない部分が多くあります．最終的なコンピュータのデータは，量が少なくてもピークとなって出てきます．このため，生データの確認が必要です．図2-36-2A, Bを見ると，検体Aではそもそもピークがなく，検体Bでは局所的に大きなピークがあることがわかります．

1 ピークがない

A）シークエンシング反応でのテンプレートDNAが少ないために反応が充分進んでいない

テンプレートがなければ，反応は起こりません．また，反応後の色素除去がしっかりされていれば色素によるピークは出ません（図2-36-2A）．

なお，テンプレートDNA量には至適量があります．多すぎた場合は，長く

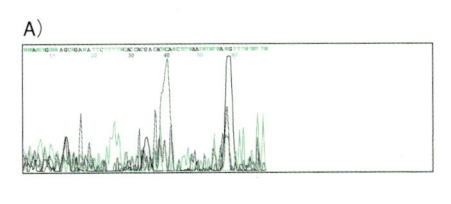

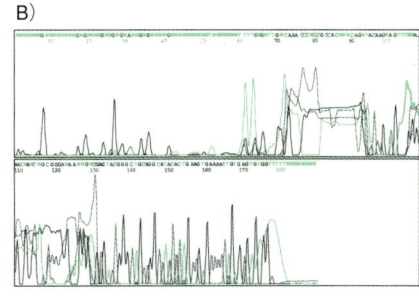

Case2：PCRによるDNA配列の変異解析とシークエンシング

図2-36-1 シークエンシングパターン
A) シークエンシングパターンが途中までしか検出されていません．また，"N" となって読めないところもあります
B) 随所に大きなピークが現れて，配列が読めません

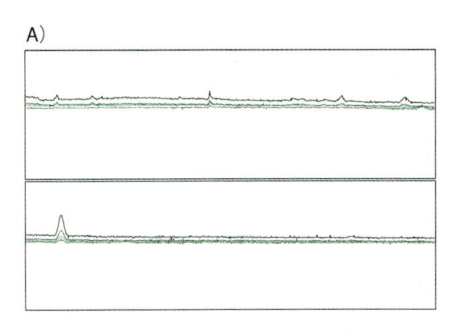

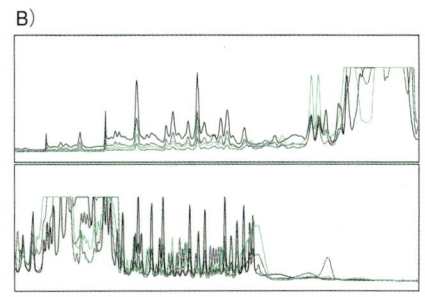

図2-36-2 シークエンシングの生データ
A) シークエンシングパターンがほとんど検出されていません（図2-36-1Aの生データ）
B) 随所に大きなピークが現れています（図2-36-1Bの生データ）

読めない場合があります．これは，反応開始直後に色素結合ddNTPが多く消費され，伸長にしたがって反応効率が落ちるためと思われます．テンプレートDNAの量が律速段階になるようにし，他の試薬は充分量ある状況がよいのでしょう．
　ちなみに，ABI社のBigDyeプロトコールでは，PCR産物の場合塩基対数に応じて2〜150ng/5μlが推奨されています．

B）**シークエンシング反応終了後，色素除去の精製の際に間違いがあり，産物をロスしてしまった**
　色素除去の精製方法には，エタノール沈殿やゲルろ過カラムなどがあります．精製の際に，操作上のミスで産物をなくしてしまえばピークは出てきません．

161

2 大きなピークが随所に現れる

　色素の除去が不充分で，色素自体のピークが出ている可能性があります．これは，シークエンシング反応後の精製で色素が除かれていないためです．
　シークエンシングは，必ず左右のプライマーを用いて重複した実験を行いましょう．どちらかが読めていれば，基本的には問題ないことがわかります．
　両方とも読めていない場合は，操作上の問題を考慮して各ステップを点検しましょう．シークエンシング反応は，よいキットがあるためにブラックボックスになっています．使用する酵素によってdNTPとddNTPの取り込み率が異なるために，仕込みの比率が異なります[1]．また，ダイターミネーター法の場合は，色素の種類と酵素の組合わせによりA，G，C，Tによるピークの高さが異なるために，組合わせの改良が必要です[2)3)]．シークエンシングキットでは，このような煩雑な検討を省くようにつくられていますので，テンプレートDNAの量などプロトコールに正確にしたがって行うことが大切です．

▶**プロトコール参照**　「参考図書-B」第2章-2　サンガー法（ジデオキシ法）／3　オートシークエンサー（スラブゲルタイプ/Model 373Sについて）／4　オートシークエンサー（ABI 310について）（p.58-81）

＜参考文献＞

1) Sambrook & Russell : In "Molecular cloning A loboratory manual. 3rd ed.", 13-32~12-50, Cold Spring Harbor Laboratory press, 2001
2) Rosenblum, B. B. et al. : New dye-labeled terminators for improved DNA sequencing patterns. Nucleic Acids Res., 25 : 4500-4504, 1997
3) Heiner, C. R. et al. : Sequencing multimegabase-template DNA with BigDye terminator chemistry. Genome Res., 8 : 557-561, 1998

まとめ　シークエンシングの生データを確認し，状況を把握しましょう．テンプレートDNAが少ないため反応後のDNAが回収されていないか，色素が除去されていないのでしょう．

Case2：PCRによるDNA配列の変異解析とシークエンシング

37 Question

サイクルシークエンシングをしたのですが，NNNNNの個所が頻繁に出てきます．どうしてでしょうか？

Answer

非特異的に増幅した断片を取り除いた上でシークエンシング反応を行いましょう．

考え方

❶ **どうすればNNNNNとなるのか？**（→「トラブルを起こす」p.16,「先入観の排除」p.25）

　シークエンシングといっても，ダイデオキシ反応させた後に変性し一本鎖となったDNA断片を電気泳動にて分離しています．テンプレートDNAの純度などを含め，どのような反応で行われているのかを考えてみましょう．

対 処 実験の原理を知る，試薬/検体の特徴を知る（→ p.32）・機器のブラックボックス（→ p.40）・コンタミ（→ p.43）

　シークエンサーは電気泳動装置です．すなわち，変性ゲル（キャピラリーシークエンサーの場合，変性剤入りポリマー）を用いて一本鎖DNA断片を分離する装置です．シークエンスを直接見ているわけではありません．繰り返し配列など特殊な配列を見ている場合でなければ，NNNNNと出た場合（図2-37-1）は，同じ大きさで標識の異なる一本鎖DNA断片が電気泳動で流れていることを意味しています．すなわち，いくつかのバンドが重なっている状態です．この状態にするにはどうしたらよいでしょうか．

　シークエンシングの原理から考えて，配列の異なるいくつかのDNAのシークエンシング反応を行った後に，それらを混合して泳動すれば平均的にすべてのAGCTが同じ程度の比率で泳動されます．シークエンサーは，一本鎖のDNA断片を分離する電気泳動装置であり，直接シークエンスを見ていないということを忘れないでください．

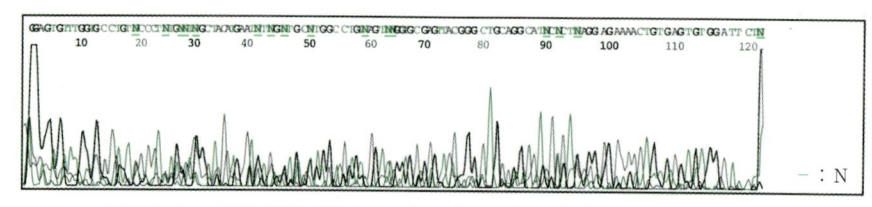

図2-37-1　一部の配列が読めないシークエンシングデータ
　　　　　ピークは見えるもののNNNと読めない部分が随所に現れています

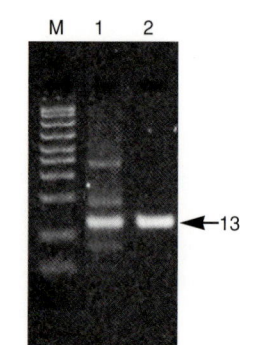

図2-37-2　精製DNA断片
　　　　　レーン1：PCR産物
　　　　　レーン2：レーン1のゲルを精製したもの

　特異的なプライマーで反応させた場合は，特異的な配列がなければなりません．PCRで非特異的な増幅が起こり，本来増幅したいDNAではない断片が混入している可能性があります．そこで，PCR産物を電気泳動し，純度検定をしてみましょう．おそらく，アガロースゲル電気泳動でEtBr染色などで調べていると思いますので，PAGEの後SYBR GreenⅠや銀染色など感度のよい方法で見る必要もあるでしょう．非特異的なバンドが検出できれば，それが原因でしょう．PCRの条件を設定し直すか，特異的に増幅しているDNA断片をゲルから切り出して精製します（図2-37-2）（→「Q28」p.135）．
　なお，精製したPCR産物を用いてサイクルシークエンスした結果が図2-37-3です．プライマー近くを除き，塩基配列が決定できています．また，PCR産物の一部の配列を調べる場合は，PCR反応のプライマーの内側にシークエンシング用プライマーをデザインし，非特異的反応を除くこともできます．

▶プロトコール参照　「参考図書-B」第2章-2　サンガー法（ジデオキシ法）／3　オートシークエンサー（スラブゲルタイプ/Model 373Sについて）／4　オートシークエンサー（ABI 310について）（p.58-81）

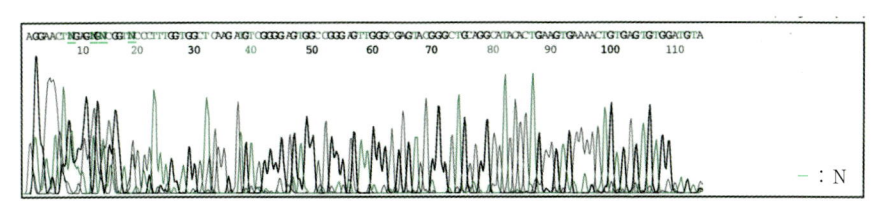

Case2：PCRによるDNA配列の変異解析とシークエンシング

図2-37-3　精製PCR産物を用いたシークエンシング結果

> **まとめ** 混在した複数のDNAをシークエンスしている可能性があります．増幅条件を検討するか，PCR産物を精製しましょう．

38 Question

PCR-SSCP法で変異を検出できた検体をサイクルシークエンシングしたところ，変異は検出できませんでした．どうしてでしょうか？

シークエンシングは，蛍光ダイターミネーター法で行いました．

Answer

PCR-SSCP法とシークエンシング法では，変異検出感度が異なります．シフトしたバンドを切り出してシークエンスしましょう．

考え方

❶ **確立した方法は万能だと思っていませんか？** (→「先入観の排除」p.25)

確立している方法論を用いる時も，原理を考えながら行いましょう．その中から，その方法の長所/短所がみえてきます．

対処 実験の原理を知る，試薬/検体の特徴を知る (→ p.32)・実験の重複 (→ p.37)・機器のブラックボックス (→ p.40)

PCR-SSCP法は，変異や多型のスクリーニング法です．PCR-SSCP法で陽性の検体は必ずシークエンシングで配列を確認する必要があります．塩基配列を確かめるという意味ですが，異なる方法で結果を確かめる意味ももっています．

PCR-SSCP法を用いると，癌組織のように正常組織由来のDNAを多く含む場合は，変異アレル由来のバンドはかなり薄くなります（図2-38-1 レーン2）．このようなDNAをそのままシークエンスしたのでは，変異DNAのバンドは正常組織の塩基配列由来のバンドに隠れてしまい，見かけ上変異が検出されないことになります（図2-38-2）．そこで，PCR-SSCP法で検出された変異バンドをゲルから切り出してからシークエンスします（図2-38-3）．遺伝子多型の場合では，約50％の異なるアレルがあります．しかし，癌組織のように正常アレルに10％以下の少量の変異アレルがある場合は，シークエンシングでは検

Case2：PCRによるDNA配列の変異解析とシークエンシング

正常バンド　　1　　2　　変異バンド

図2-38-1　PCR-SSCP法による癌抑制遺伝子p53の変異検出
レーン1：正常組織
レーン2：癌組織
レーン2では片方のアレルにのみ変異がみられ，また正常組織の混入により変異バンドが少なくなっています

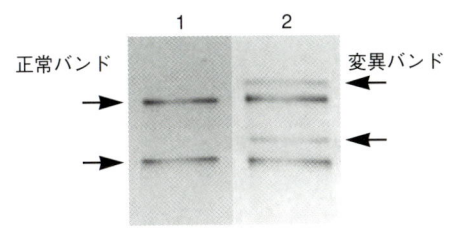

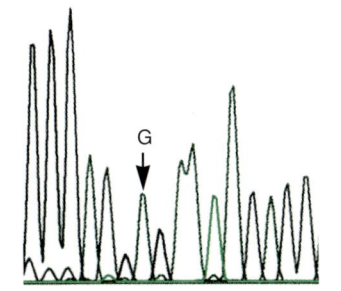

図2-38-2　PCR-SSCP法で変異が検出されたDNAのシークエンシング
図2-38-1レーン2の検体をシークエンスしたデータ．正常塩基Gとなり，見かけ上変異が検出されていません

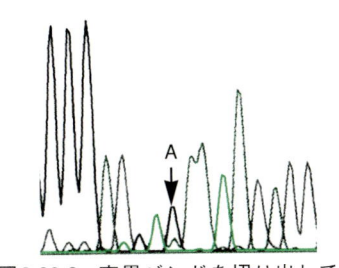

図2-38-3　変異バンドを切り出してからのシークエンシング結果
G→Aの変異が検出されています

出できない場合があります．PCR-SSCP法やHeteroduplex解析法が変異スクリーニング有効な所以は，変異塩基配列由来バンドが異なる位置に検出できるからです（図2-38-4）（→「実験技術：PCR-SSCP法」p.228,「実験技術：Heteroduplex解析（HA）」p.230）．そこで，シークエンシング反応後，従来のゲルを用いてA，G，C，Tを別々の4レーンで流す方法を用いた場合は，変異バンドと正常バンドが共存できるので，SSCP法で陽性のDNAをそのままシークエンスしても検出できる場合があります（図2-38-5）．

　一方，シークエンサーを用い，蛍光ダイターミネーター法でシークエンシングを行った場合，4種類の各蛍光色素1分子当りの蛍光強度は必ず同じとは限りません．このため，結果として各塩基の感度が異なって検出される場合があり，変異DNA分子が少ない場合は見かけ上検出できない可能性があります．また，2種類の塩基が1：1で含まれる多型をもつDNAの場合でも，片方のアレルが低く見えることもあります．

　市販されているBigDye（ABI）などのキットでは，ピーク差が少ないように改良が加えられています[1]．

167

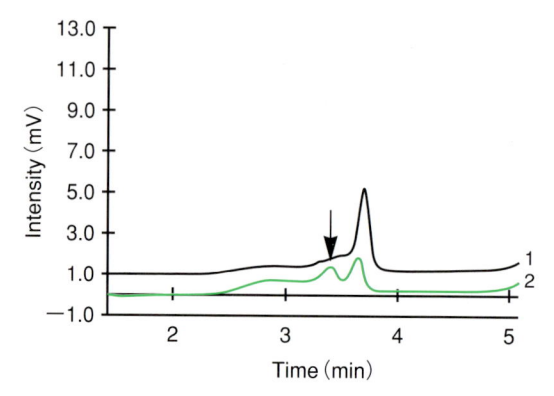

図2-38-4　p53.exon5～6のHeteroduplex解析
1：正常組織，2：癌組織
各組織由来のDNAよりPCRで増幅し，DHPLCにて解析したところ．変異アレルをもつ癌組織由来DNAは，正常ピーク以外に変異由来ピークをもちます（矢印）

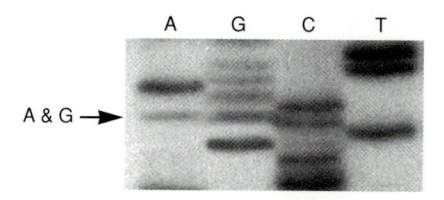

図2-38-5　ゲル電気泳動によるシークエンシング結果の評価
図2-38-1レーン2のDNAをゲル電気泳動にて分析すると，正常アレル由来（G）と変異アレル由来（A）のバンドが同一位置に現れるため，変異アレルの量が少なくても変異を検出できます

▶**プロトコール参照**▶　「参考図書-B」第2章-2　サンガー法（ジデオキシ法）（p.58-63）

　　　　　　　　　　　「参考図書-B」第2章-4　オートシークエンサー（ABI310について）（p.73-81）

＜参考文献＞

1）Heiner, C. R. et al. : Seaquencing multimegabase-template DNA with BigDye terminator chemistry. Genome Res., 8 : 557-561, 1998

まとめ　どんな技術も万能ではありません．PCR-SSCP法，Heteroduplex解析法，シークエンシング法の原理を知り，長所と短所を把握して実験しましょう．

Case 3
ノーザンハイブリダイゼーションによる遺伝子発現の検出

39 ～ 42
4問

実験内容の背景

　ゲノムDNAがもつ遺伝子情報は，1個体においてはどの細胞でも基本的には同一です．しかし，特定の細胞で特定のDNA配列に変異や欠失などが起こることもあります．

　組織や細胞の種類により，異なる遺伝子が発現してタンパク質がつくられます．さらに組織の発生，分化や個体の成長に伴い，同じ組織や細胞でも発現する遺伝子の種類や発現量が異なる場合があります．ヒトを含む多くの生物のDNA塩基配列が明らかになると，その情報が何時，どの細胞で発現し機能をもったタンパク質がつくりだされるかを調べる必要性はますます高くなってきます．

　細胞内で発現する遺伝子の種類や量を調べるためには，細胞内でDNAから転写されたmRNAの種類と量を正確に検出する必要があります．また，特定の細胞で発現されている遺伝子のクローンを得るため，mRNAを抽出・精製し，逆転写酵素により作製したcDNAによるcDNAライブラリーを作製する必要もあります．遺伝子の発現の検出やcDNAライブラリーの作製では，まずRNAを抽出することから始まります．そこで**実験初心者は，壊れていないRNAを確実に抽出できることが大切**です．

　同じ核酸であるのにRNAとDNAとでは抽出方法が違います．これはRNAがRNA分解酵素（RNase）によりたやすく分解されるからです．さらに，RNA分子は不安定で，アルカリ中では簡単に加水分解されるばかりでなく，高分子RNAは中性でも分解しやすいためです．

　RNaseは，材料である細胞から混入しますが，実験器具・試薬・水，さらには実験者自身の唾液や汗からもコンタミすることがあります．RNaseは熱に強く，

Case3の実験の流れ

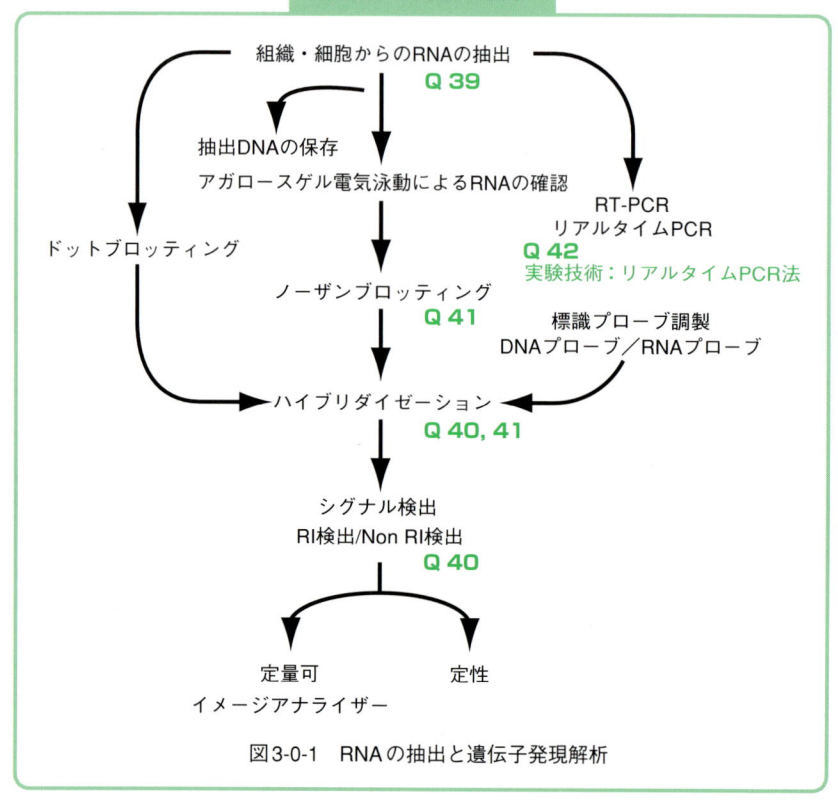

```
組織・細胞からのRNAの抽出
        Q 39
  ↓
抽出DNAの保存
アガロースゲル電気泳動によるRNAの確認
  ↓                    → RT-PCR
ドットブロッティング        リアルタイムPCR
                        Q 42
                        実験技術：リアルタイムPCR法
  ↓
ノーザンブロッティング
     Q 41               標識プローブ調製
                       DNAプローブ／RNAプローブ
  ↓
ハイブリダイゼーション ←
       Q 40, 41
  ↓
シグナル検出
RI検出/Non RI検出
       Q 40
   ↓        ↓
 定量可      定性
イメージアナライザー
```

図3-0-1　RNAの抽出と遺伝子発現解析

オートクレーブ滅菌でも完全には失活しない安定な酵素です．このためRNA抽出では，抽出段階から最低限以下の注意が必要です．

❶ RNA実験を行う実験台を他の実験台と区別する
❷ 実験に使用するチューブ等は滅菌された使い捨てプラスチック製のものを用い，使用するすべての器具を滅菌する
❸ 実験に使用する水は，DEPC処理水などRNaseフリーの水を用いる
❹ 実験者は，手袋・マスクをできるだけ着用し，実験者自身の唾液や汗からのRNaseのコンタミを防ぐ

RNA抽出に際しては，組織・細胞材料を凍結保存し，グアニジウム溶液などのタンパク質変性剤の存在下で抽出します．抽出したRNAは，エタノール沈殿の状態かDEPC処理水に溶かした後，小分けにして－80℃に保存するなど注意

が必要です．

　DNAを分析するサザンハイブリダイゼーション[注]を行う際の電気泳動では，DNA分解酵素（DNase）の阻害剤であるEDTAを緩衝液に加えておけば，DNAの分解を防げます．しかし，ノーザンハイブリダイゼーション[注]を行う際の電気泳動は充分滅菌した緩衝液を用い，変性剤であるホルムアルデヒドを加えたゲルで行われます．これは，一本鎖であるRNAの立体構造を壊して分子量に応じた泳動をさせるとともに，RNaseによるRNAの分解を防ぐためです．

　ノーザンハイブリダイゼーションやドットブロットハイブリダイゼーションにて遺伝子発現を判定する場合は，放射性・化学発光などの非放射性いずれの方法においても測定範囲を確認する必要があります．また，厳密な定量を行う際には，リアルタイムPCRを行う必要があります．

　一方，RNAプローブは調製が難しいがDNAプローブよりも優れています．DNA/DNAハイブリッドの結合定数よりもRNA/DNA，RNA/RNAの結合定数の方が高く，RNAプローブはハイブリダイズした目的配列を特異的かつ高感度に検出することが可能です．

　細胞ごとの発現パターンを網羅的に比較する場合や発現遺伝子を同定する場合は，マイクロアレイやDNAチップが有効に用いられています．

　遺伝子発現解析で安定なデータを得るにはRNAの取り扱いが大切です．

実験の流れ （図3-0-1）

　実験の流れと関連する問題を示します．

組織・細胞からのRNAの抽出 (Q39)

- ・目的組織・細胞の選択
- ・グアニジウム溶液による粗抽出
- ・超遠心分離による全RNAの精製
- ・抽出RNAの評価

ノーザンハイブリダイゼーションによる遺伝子発現の検出 (Q40, 41)

- ・変性アガロースゲル電気泳動によるRNAの分離
- ・ノーザンブロッティング

- 非放射性ハイブリダイゼーションとシグナルの検出
- 遺伝子発現の検出

ドットブロットハイブリダイゼーションによる遺伝子発現の検出 (Q40)

- ドットブロッティング
- イメージアナライザーによる定量化

PCRによる解析 (Q42)

- RT-PCR（Reverse transcriptase - PCR）
- リアルタイムPCRによる発現遺伝子の定量

　特定組織・細胞における目的遺伝子の発現をハイブリダイゼーションにて検出します．まず，RNAを組織から抽出し，アガロースゲル電気泳動にて抽出RNAの品質を確認します．品質を確認した全RNAを変性条件のアガロースゲルにて電気泳動した後，ノーザンハイブリダイゼーションにて目的遺伝子の発現を調べます．さらに定量的に発現を調べる場合には，ドットブロットハイブリダイゼーションやRT-PCRを用いたリアルタイムPCRなどもあります．

注：DNA解析に用いるサザンハイブリダイゼーションは，1975年にE. M. Southernが報告した方法で[1]，考案したサザン（Southern）氏にちなんで付けられた名前です．RNA解析に用いるノーザンハイブリダイゼーションは，「ノーザン氏」が考案した方法ではありません[2]が，サザン（Southern：南）に対しノーザン（Northern：北）と言われるようになりました．さらに，タンパク質を電気泳動後膜に転写して解析する方法[3]は，ウエスタンブロッティングと言います．これも「ウエスタン氏」が考案したわけではありませんが，同じように膜に転写して分子を解析するところから「南」，「北」に合わせてウエスタン（Western：西）となったようです．

<参考文献>

1) Southern, E. M. : Detection of specific sequences among DNA fragments separated by gel electrophoresis. J. Mol. Biol., 98 : 503-517, 1975
2) Rave, N. et al. : Identification of procollagen mRNAs transferred to diazobenzyloxymethyl paper from formaldehyde agarose gels. Nucleic Acids Res., 6 : 3559-3567, 1979
3) Towbin, H. et al. : Electrophoretic transfer of proteins from polyacrylamide gels to nitrocellulose sheets: procedure and some applications. Proc. Natl. Acad. Sci. USA, 76 : 4350-4354, 1979

Case3：ノーザンハイブリダイゼーションによる遺伝子発現の検出

39 Question

組織から全RNAを抽出したのですが，電気泳動の結果，壊れていました．どのステップが問題でしょうか？

Answer

RNaseは，材料の組織，実験器具，実験者自身などからコンタミします．実験のステップごとに問題点をチェックしましょう．また，培養細胞などをコントロールとして実験系のチェックもしましょう．

考え方

❶ RNAを壊すにはどうしたらよいのでしょうか？（→「トラブルを起こす」p.16）

RNAが壊れているのですから，RNaseがコンタミしたのでしょう．RNaseがどこから混入したのか考えましょう．

対処 実験の原理を知る，試薬/検体の特徴を知る（→ p.32）・コントロールの設定（→ p.35）・コンタミ（→ p.43）

RNAはRNaseに分解されやすく，またアルカリに対しても強くありません．一方RNaseは，4つのS-S結合により立体構造を安定化させており，タンパク質変性剤や熱処理で一時的に失活した後でも，元の条件に戻れば元の活性が回復します．RNAがどの程度抽出されているかは，ホルムアルデヒド存在下でのアガロースゲル電気泳動で判定できます（図3-39-1，→「Q41」p.178，「Q42」p.181）．

抽出溶液にアルカリがコンタミし塩基性になる可能性は少ないため，RNAの分解は，実験のどこかのステップでRNaseが混入したと考えられます．実験のステップでのRNaseのコンタミを考えてみましょう．

1 検体中のRNase

A）組織の場合

例えば消化管など組織の種類によっては，RNaseが多く含まれています．

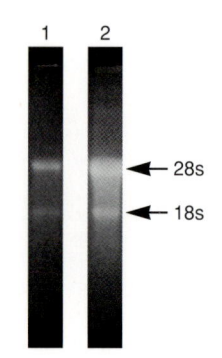

図3-39-1　精製全RNAの電気泳動像
ホルムアルデヒド変性ゲルを用いた電気泳動結果です．
レーン1：2.5μg/レーン　全RNA
レーン2：10μg/レーン　全RNA
いずれのRNAも28s, 18sのリボソームRNAのバンドが検出されています．
壊れていない28s RNAと18s RNAの量比は，約2：1となります．

組織を切除後，直ちにグアニジウム溶液に浸し，液体窒素にて直ちに凍結させましょう．−80℃または液体窒素中に保存した後，組織が溶解しない固体のまま木鎚で叩いて潰し，直ちに抽出精製を行います．

B）組織からの抽出がなかなかうまくいかない場合

細胞内のRNase量が安定な培養細胞からの抽出をコントロール実験として行ってみましょう．培養細胞からでも抽出できない場合は，以下 **2**，**3** に示す水や実験環境の問題があるのでしょう．

2 実験に使用する水にコンタミするRNase

RNaseは強アルカリで失活します．しかし，熱処理では完全には失活しません．使用する水にRNaseが混入しているかも知れません．これは，DEPC滅菌水を用いることでRNaseの影響を防げます．また，DEPC水でなくてもつくりたての保存していない超純水を滅菌して用いても大丈夫なこともあります．RNAの実験を行う回数が少ない場合は，市販品のDEPC水を購入し抽出キットを用いる方法もあります．

A）DEPC処理滅菌水

使用する水にRNaseの阻害剤であるDEPC（Diethyl pyrocarbonate）を最終濃度0.5〜1.0%になるように加えて充分撹拌した後，オートクレーブにかけます．DEPCは，オートクレーブ処理にて二酸化炭素とエタノールに分解して除かれます．DEPCが残っていると，アデニンに影響したり，PCR反応の阻害をしたり，アクリル板を腐食させたり，トリスと反応したりと，いろいろな影響が出ます．このため，オートクレーブにて完全に滅菌して，DEPCを

分解した水を用いるようにします．なお，DEPCは変異原性があるため取り扱いには注意し，余った場合は滅菌して分解し廃棄します．

B）純水

RO（Reverse osmosis）膜処理，MilliQ装置処理，蒸留処理，イオン交換処理等の方法を用いてイオンを除去した，比抵抗値1～10MΩ·cm程度の水を一般的に純水と呼びます．

C）超純水

品質管理されたイオン交換樹脂処理，活性炭処理，RO膜処理等を組合わせて処理された，比抵抗値17MΩ·cm以上の純水のことを特に超純水といいます．

3 実験環境

器具の滅菌をしっかり行い，さらに実験者自身のもつRNaseのコンタミも防ぎましょう．

A）実験場所・器具

実験台や場所は，他の実験と区分けしましょう．さらにRNA用の試薬や器具は，他の器具と別にしておきます．できるだけディスポーザブルのプラスティック製品を用います．ガラス器具を使用する場合は，160℃2時間以上乾熱滅菌します．

B）実験者

唾液や汗からもRNaseは混入するため，実験者は手袋・マスクを着用し実験中は喋らないようにします．

▶**プロトコール参照**▶「参考図書-B」第5章-2-1　出発物質の準備／2　AGPC法による抽出
（p.126-132）

細胞・組織内のRNaseの挙動，使用する水や実験環境を調べましょう．

40 Question

非放射性ハイブリダイゼーションを行ってRNAの特異的定量を試みましたが，定量領域が狭くうまくいきませんでした．どうしてでしょうか？

Answer

感度のよい化学発光法を用いましょう．また，定量にはイメージアナライザーを用いることも必要です．

考え方

❶ 実験方法の限界を考えましょう（→「プロトコールに忠実か」p.25,「先入観の排除」p.25）

非放射性ハイブリダイゼーションの種類や定量方法を確認しましょう．

対処 実験の原理を知る，試薬/検体の特徴を知る（→ p.32）

RNAの同定や定量による遺伝子発現状態の測定には，ハイブリダイゼーションが使われます．ノーザンハイブリダイゼーションは，特異的RNAの同定，半定量に利用します．PCRに取って代わられた部分も多くありますが，ハイブリダイゼーションは広く利用されています．また，ドットブロットハイブリダイゼーションは特異的な定量にも利用します．元々のハイブリダイゼーション実験では，放射性同位元素（Radioisotope：RI）の^{32}Pで標識したプローブを用いて行われていました．その後1980年代後半から，化学発光系の非放射性（nonRI）ハイブリダイゼーションが普及してきました．

下記によく用いられるnonRIハイブリダイゼーション系を示します．いずれも，直接または間接に酵素が結合されたプローブを用います．

1 ハプテン標識プローブとハプテン特異抗体を用いた方法

ジゴキシゲニン（Digoxigenin：DIG）ハプテン標識プローブとその酵素標識特異抗体を用いた系です．ハプテン標識プローブでハイブリダイゼーションを行った後，酵素（Alkaline phosphatase：AP）の基質NBT/BCIPによる発

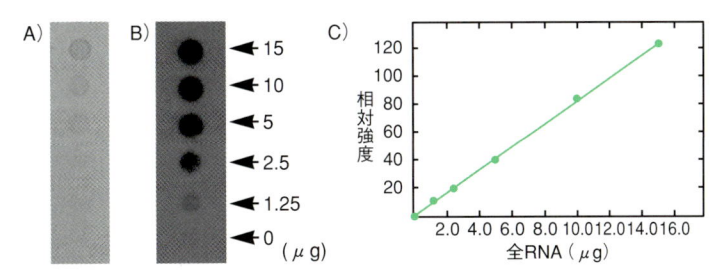

図3-40-1 nonRIドットハイブリダイゼーションによる検出

全RNAを0〜15μg（0，1.25，2.5，5，10，15）をドットしハイブリダイゼーションを行った結果を示します．
A：発色法，B：化学発光法，C：イメージャー（Molecular Imager：Bio-Rad）測定．化学発光法（B）の場合，5μg以上のRNAを添加した場合は，ドットの濃さや大きさがほぼ同じで判別できません．しかし，化学発光を直接測定するイメージャーを用いると，最小検出感度はほぼ同等で正確に測定できる範囲が広くなります（C）．

色系と化学発光基質による化学発光系でシグナルを検出します．
　DIG-ELISA：Roche Diagnostics，URL：http://www.rdj.co.jp/

2 酵素を直接プローブに結合させる方法

酵素（Horseradish peroxidase：HRP）をプローブに直接結合させて，ハイブリダイゼーションした後，化学発光基質にて検出します．
　ECL：Amersham Biosciences，URL：http://www.jp.amershambiosciences.com/

3 アビジン・ビオチン複合体（ABC法）を用いた方法

ビオチン化プローブでハイブリダイゼーション後，酵素（HRP）標識アビジン（またはビオチン化酵素結合アビジン）と結合させ，化学発光基質にて検出します．
　SuperSignal：Perbio Science，URL：http://www.perbio.com/

化学発光を用いた検出系は，RIと同等もしくはそれ以上の感度をもつnonRIハイブリダイゼーション系です．まず，RNAのドットアッセイで特異的定量を行う場合は，感度のよい化学発光法を用いましょう．化学発光法と発色法の違いは，酵素基質の違いです（図3-40-1A，B）．さらに検出方法には，フィルムを感光させる方法やイメージアナライザーを用いる方法などがあります．

フィルムを感光させる方法では，ある程度以上の発光強度の場合は，同じ濃さになってしまいます．しかし，イメージアナライザーを用いた場合は，さらに測定範囲が広がります（図3-40-1C）．

▶プロトコール参照▶　「参考図書-B」第5章-4-1　ノーザンブロット法（p.155-160）

まとめ　測定範囲が広い化学発光系を用いましょう．

バイオ実験トラブル解決超基本 Q&A

41 Question

ハイブリダイゼーションを行ったところ，斑ができて肝心なバンドが見えなくなってしまいました．どうしたらよいでしょうか？

Answer

ゲルを裏返しにしてブロッティングしましょう．

考え方

❶ **斑ができるには？**（→「トラブルを起こす」p.16，「撹拌，混合」p.27）

実験ステップのどの部分でムラができそうか考えてみましょう．斑ができているということはその部分で反応が進んでいないということでしょう．

対処 実験の原理を知る，試薬/検体の特徴を知る（→ p.32）・Cold Run（→ p.41）・「粗」と「精」（→ p.44）

斑になっている場合を見てみましょう．図3-41-1A，Bは発色法ならびに化学発光法を用いて斑ができた場合です．ハイブリダイゼーションの実験の流れに沿っておさらいし，斑ができる可能性を考えましょう．

1. サンプル調製・電気泳動
   ⇨ 斑ができる原因はない．
2. ブロッティング（ナイロン膜への転写）
   ⇨ DNA/RNA転写が不均一で，ハイブリダイゼーション反応が全く進まずに斑になった．
3. プレハイブリダイゼーション
   ⇨ バッグ内に泡がたまり，反応が進まず斑になった．
4. ハイブリダイゼーション
   ⇨ バッグ内に泡がたまり，反応が進まず斑になった．
5. 洗浄操作
   ⇨ 洗浄されていない部分がある．
6. 検出反応

Case3：ノーザンハイブリダイゼーションによる遺伝子発現の検出

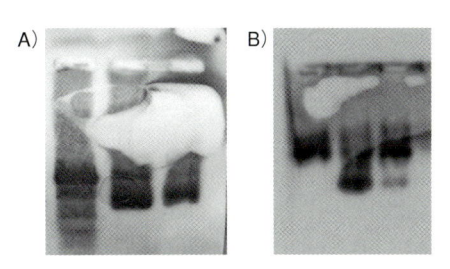

図3-41-1　ハイブリダイゼーション後，斑になった事例
　　A：発色法（サザンハイブリダイゼーション）
　　B：化学発光法（ノーザンハイブリダイゼーション）

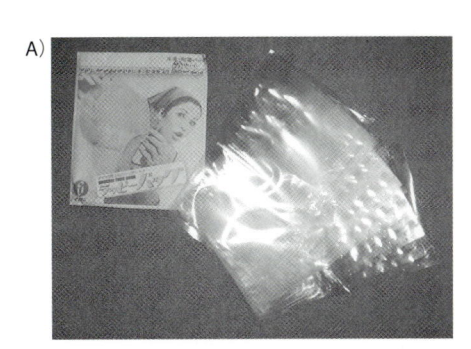

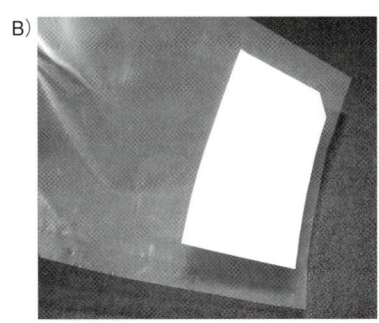

図3-41-2　食品冷凍用のバッグ（ラッピーバッグ：岩谷産業）
　　A）ラッピーバッグ
　　B）膜を入れたところ（膜は方向がわかるように四辺の一片に切り込みを入れます）

　　　⇨ バッグ内に泡がたまり，反応が進まず斑になった．
7 洗浄操作
　　　⇨ 洗浄されていない部分がある．
8 発色・発光反応
　　　⇨ バッグ内に泡がたまり，反応が進まず斑になった．

　操作**3**，**4**，**6**，**8**では，バッグ内の泡が残ってしまった場合にその部分が斑になる可能性があります．このため，泡を充分に取り除くことが必要です．しかし，多少の泡が残っても振盪を充分に行っていれば大丈夫です．また，泡を取りやすいように，固めのバッグを用いた方がよいでしょう．専用のバッグでなくとも，食品冷凍用のラッピーバッグ（岩谷産業）も泡を抜きやすくなっています（図3-41-2）．

　また，図3-41-3のように，反応液添加後のシーリングの際に一工夫すると泡を抜きやすくなります．

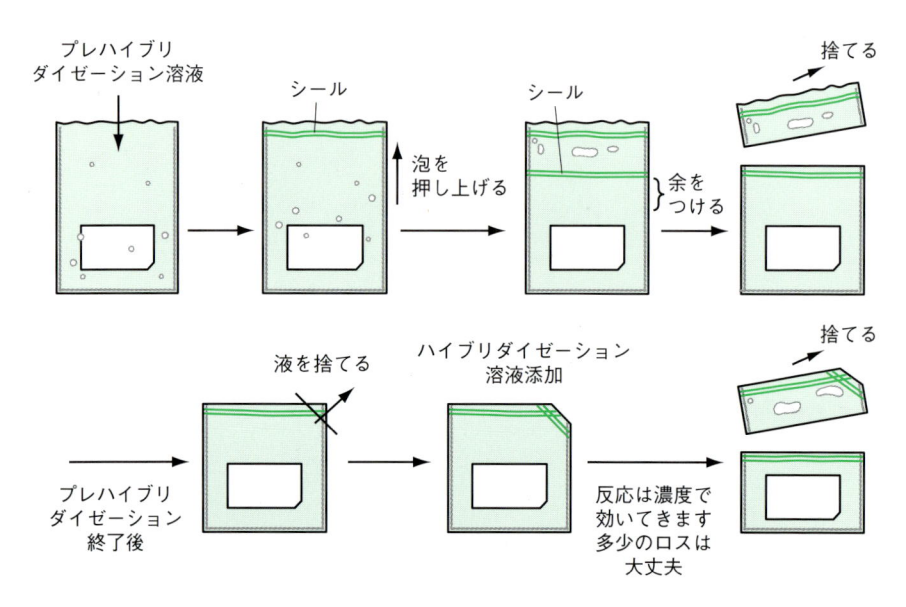

図3-41-3　溶液中の泡の除去
　シーリングの際に泡の除去を完全に行うことでハイブリダイゼーション反応の斑を防ぎます．また，反応中は緩やかに振盪して液が膜に対して常に均一に浸るようにしましょう

　操作上で斑ができやすくなるのは，操作 **2** のブロッティング（DNA/RNAの転写）のところでしょう．作製したゲルの上面は，固化する時の影響で端やゲルの穴の部分が隆起しています．このため，泳動後（RNAでは，ホルムアルデヒドを水で除去した後に）裏返して転写します．重石を乗せれば，ゲルはろ紙と密着し，ゲルの底面はフラットで膜と密着しやすいため，確実に転写され，斑はなくなります．Cold Runで操作の段取りをしておきましょう．

　なお，ブロッティングの際に膜の左右がわかるように，片方に切れ目を入れるなどしましょう．また，原点にも印をつけましょう．ブロッティングやハイブリダイゼーションでは，バッグが反応チューブです．どうしてもラフになりがちですが，アッセイを行っていることを認識して実験しましょう．

▶プロトコール参照▶　「参考図書-B」第4章-2-3　トランスファー，変性，固定（ブロッティング）／4　ハイブリダイゼーション（p.108-116）

まとめ ブロッティングの際に膜とゲルを密着させ，反応中の泡を取る工夫をしましょう．

Case3：ノーザンハイブリダイゼーションによる遺伝子発現の検出

42 Question

RT-PCRでは増幅するのですが，ノーザンブロット法では検出できません．どうしたらよいでしょうか？

Answer

RNAの壊れ方や感度に違いがあることを知りましょう．

考え方

❶ **実験方法の限界を考えてみましょう**（→「先入観の排除」p.25）

RT-PCRもノーザンブロット法も特異的なRNAを検出する方法です．しかし，原理や目的が異なります．

対処　実験の原理を知る，試薬/検体の特徴を知る（→ p.32）・**コントロールの設定**（→ p.35）

両方の実験系の特徴・違いを考え，さらにRNAの評価方法やコントロールの設定について対処してみましょう．

1 実験系の特徴

RT-PCRの場合，数百塩基のような短い配列を増幅する限り，多少RNAが分解していても使用できます．多少でも増幅サイズをもつpolyA RNA（mRNA）が存在すれば，PCRの原理から増幅は可能です．しかし，ノーザンハイブリダイゼーションの場合，RNAが壊れているとスメアー状のバンドとなり明確な結果が得られない場合があります（ドットハイブリダイゼーションの場合も多少壊れたRNAでも使用できます）．ノーザンハイブリダイゼーションは，あくまでもバンドの位置と量を見るための方法です．

また，RT-PCRの場合はプライマーのデザインによっては非特異的な反応が起きやすくなります．片方のプライマーがOligo Tならば，もう片一方のプライマーでしか特異性が出せません．そこで，逆転写（RT）反応後，一組の特異的なプライマーを用いてPCRを行いますが，アミノ酸配列をコードしている配列をプライマーにするために非特異的なバンドが出やすくなります．また，

181

ゲノムDNA

polyA RNA
（mRNA） ———AAAA

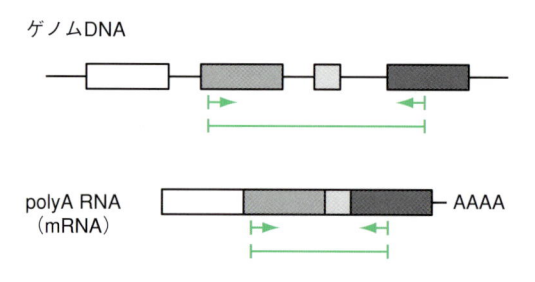

図3-42-1　エキソンを跨いだプライマーデザイン
特異的にRNAを増幅させるためには，アミノ酸配列をコードしている塩基配列に対応するプライマーをデザインします．プライマーをエキソンを跨いでデザインすることで，polyA RNAがテンプレートの場合とゲノムDNAがテンプレートの場合で増幅産物の大きさが異なります．これにより，ゲノムDNAがコンタミした場合と判別ができます

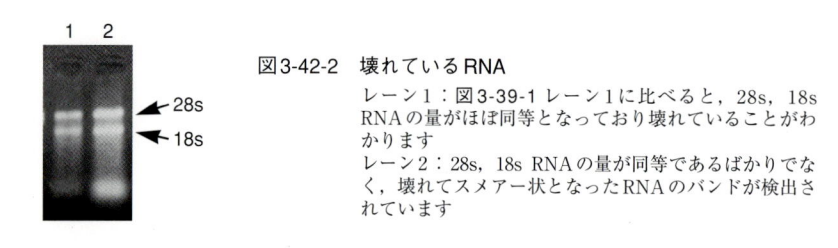

←28s
←18s

図3-42-2　壊れているRNA
レーン1：図3-39-1 レーン1に比べると，28s，18s RNAの量がほぼ同等となっており壊れていることがわかります
レーン2：28s，18s RNAの量が同等であるばかりでなく，壊れてスメアー状となったRNAのバンドが検出されています

　RT-PCRを行う際には，ゲノムDNAのコンタミがあるとゲノムDNAをテンプレートとし増幅する場合があります．これを防ぐために，エキソンを跨いだ2種類のプライマーをデザインするとよいでしょう（図3-42-1）．ゲノムDNAの場合はイントロンが存在し，増幅産物がpolyA RNA（mRNA）をテンプレートとするよりも大きくなります．イントロンが極端に長い場合は，増幅しない場合もあります．

　ノーザンブロット法での検出では，全RNAで1μgは欲しいところです．しかし，この中に含まれるmRNAの量はその5％以下程度であり，50ng程度です．その中には何千種類のRNA分子が存在していますが，特定のタンパク質に対応するRNAの分子数は遺伝子の発現状況によりまちまちです．なお，mRNAの特異的で正確な定量を行いたい場合は，リアルタイムPCRがよく用いられます．

2 RNAの評価

　ノーザンブロット法では壊れていないRNAが必要です．そこで，RNAの状態を調べるため，電気泳動（ホルムアルデヒド変性ゲル）で状態を見てみましょう．全RNAを泳動した場合，リボソームRNAの2本のバンド（28s，18s）

が明確に観察され，28sの方が18sの2倍量存在していれば，RNAの壊れ方は少ないのでノーザンブロット法，RT-PCRともに使用できます．多少壊れていてもRT-PCRならば使用できます．

なお，電気泳動によるリボソームRNAの評価ならば，滅菌した緩衝液を用いた1×TAE系でも可能です．

図3-42-2には，壊れかけたRNAの電気泳動パターンが示されています．28sと18sの量比が同等か28sが少なくなっています．レーン2のようにリボソームRNAがスメアーの中に埋もれており，壊れた小分子のバンドが見える検体でも，RT-PCRならば検討できます．

3 RNAの保存

保存中のロスを少なくするため，RNAサンプルは小分けにして凍結（−80℃）して保存しましょう．エタノール沈殿の状態で保存しても問題ありません．

4 実験のコントロール

RT-PCR，ノーザンハイブリダイゼーションのいずれの場合も，GAPDH β-アクチンなどのハウスキーピング遺伝子をコントロールとして，同時もしくはハイブリダイゼーションにて実験します．これらハウスキーピング遺伝子の量やノーザンハイブリダイゼーションでのバンドの状態により，各検体ごとでのRNAの品質や量を確認できます．

つまり，RNAの状態によりRT-PCRが有利な場合とノーザンハイブリダイゼーションが有利な場合があります．

▶プロトコール参照▶　「参考図書-B」第1章-6　RT-PCR法（p.39-41）
　　　　　　　　　　「参考図書-B」第5章-4-1　ノーザンブロット法（p.155-160）

> まずは，RNAの品質を評価します．また，実験に際してはハウスキーピング遺伝子をコントロールとした実験を行います．

Case 4
カラムクロマトグラフィーによる タンパク質の精製

Q43 ～ Q50
8問題

実験内容の背景

　　ゲノムDNAがもつ遺伝情報は，RNAを介してタンパク質となり機能を果たします．このためタンパク質の取り扱いは，DNA・RNAの取り扱いと併せてバイオ実験の基本となります．遺伝子工学技術が確立する以前は，組織や細胞から天然のタンパク質自体を精製し性質を調べることが多く行われました．この中で，カラムクロマトグラフィーによるタンパク質精製，微量タンパク質の定量，電気泳動によるタンパク質純度の評価などの方法が確立されました．Sephadexを用いタンパク質を分子量で分離するゲル濾過クロマトグラフィー[1]やSDSポリアクリルアミドゲル電気泳動によるタンパク質分子量の測定[2]などは，1960年代に開発され今でも使われているタンパク質精製の基本的な技術です．HPLCや二次元電気泳動などの技術も，'60年代に確立された技術が基になっています．

　　現在では，クローニングされたタンパク質の遺伝子を発現させ，発現したタンパク質を精製することがよく行われます．しかし，タンパク質の精製には変わりありませんから，従来の精製方法を使いこなせれば組換えタンパク質の精製も天然のタンパク質の精製も基本的には同様に行えます．

　　一方，タンパク質を精製しN末端，またはC末端のアミノ酸配列を決定することができます．決定されたアミノ酸配列に基づきオリゴヌクレオチドプローブを作製してクローニングに用いたり，ペプチドを合成しハプテンとして抗体作製に利用します．また，得られたアミノ酸配列データをもとに，タンパク質データベースから類似タンパク質を検索することも可能です．

　　このようにタンパク質の精製は，タンパク質の機能解析の基本となります．

Case4：カラムクロマトグラフィーによるタンパク質の精製

Case4の実験の流れ

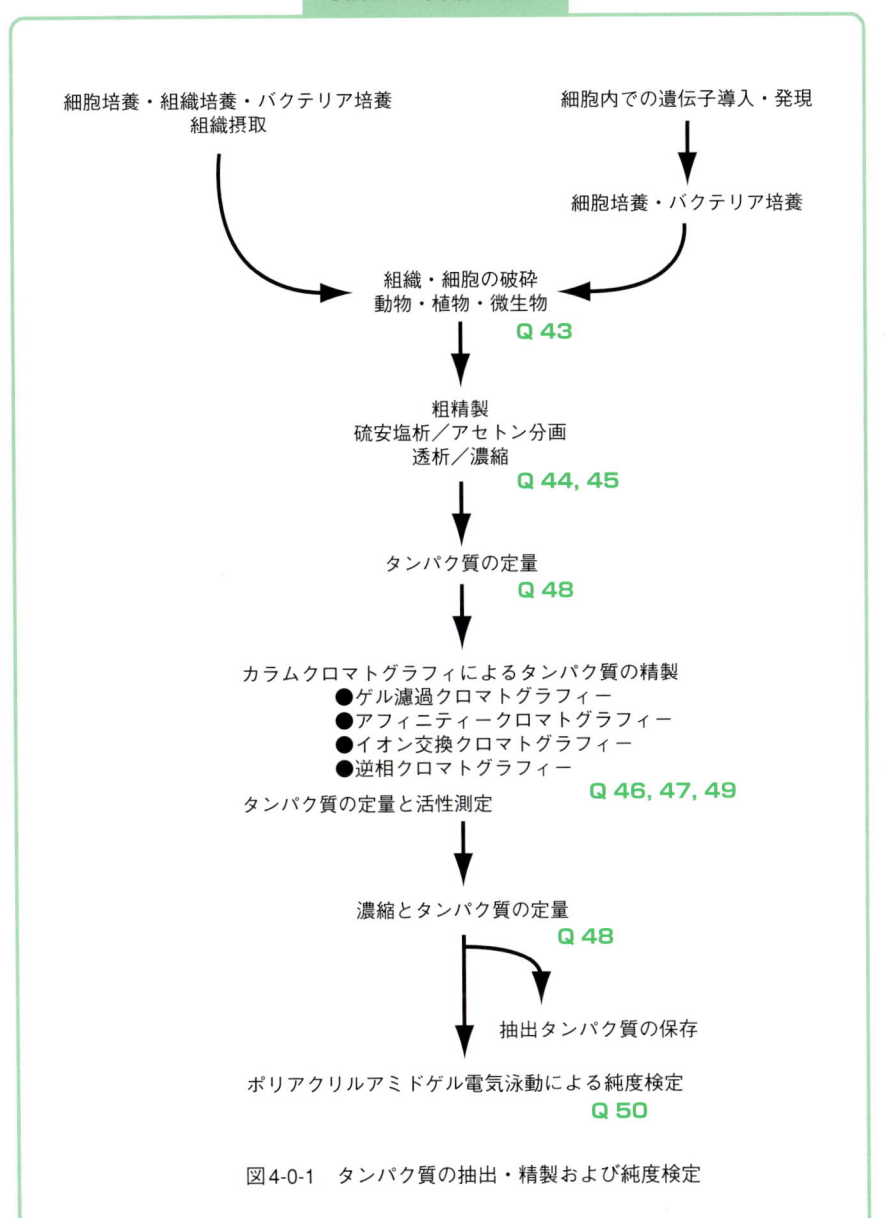

細胞培養・組織培養・バクテリア培養
組織摂取

細胞内での遺伝子導入・発現
↓
細胞培養・バクテリア培養

↓
組織・細胞の破砕
動物・植物・微生物
Q 43

↓
粗精製
硫安塩析／アセトン分画
透析／濃縮
Q 44, 45

↓
タンパク質の定量
Q 48

↓
カラムクロマトグラフィによるタンパク質の精製
　●ゲル濾過クロマトグラフィー
　●アフィニティークロマトグラフィー
　●イオン交換クロマトグラフィー
　●逆相クロマトグラフィー
タンパク質の定量と活性測定
Q 46, 47, 49

↓
濃縮とタンパク質の定量
Q 48
→ 抽出タンパク質の保存

↓
ポリアクリルアミドゲル電気泳動による純度検定
Q 50

図4-0-1　タンパク質の抽出・精製および純度検定

実験の流れ （図4-0-1）

実験の流れと関連する問題を示します．

細胞からのタンパク質の粗抽出 (Q43, 44, 45)

- 組織・細胞の破砕
- 硫安分画
- 透析

カラムクロマトグラフィーによるタンパク質の精製 (Q46, 47, 49)

- ゲル濾過クロマトグラフィー
- アフィニティークロマトグラフィー

タンパク質の定量 (Q48)

- 紫外部吸収法
- 色素結合法
- Lowry法
- BCA法

タンパク質の電気泳動と検出 (Q50)

- SDSポリアクリルアミドゲル電気泳動（SDS-PAGE）
- タンパク質のゲル中での染色（色素結合法，銀染色法など）

　タンパク質精製においても，組織や細胞から抽出する初期の段階は重要です．まず，目的タンパク質を多く含む精製に適した組織や細胞を入手します．遺伝子組換えで目的タンパク質を発現させる場合は，発現効率が高いベクターにサブクローニングし，発現量が多いクローンを選びます．目的タンパク質を含む細胞を破壊した後，膜系タンパク質の場合は可溶化し，硫安塩析・アセトン分画・酸沈澱などにより粗精製します．細胞を破砕する場合，目的タンパク質を

分解するタンパク質分解酵素（プロテアーゼ）が細胞中に含まれている場合もあります．粗抽出でタンパク質の回収が悪い場合などは，プロテアーゼの阻害剤（プロテアーゼインヒビター）を加えて抽出します．また，組換え体の場合は，プロテアーゼが少ない宿主（例えば，BL21株など）を選択する必要があります．

粗精製に続いて，ゲル濾過クロマトグラフィー・アフィニティークロマトグラフィーなどのカラムクロマトグラフィーにより目的タンパク質を分画します．この際，精製したいタンパク質の種類によって方法を使い分けます．

抽出・精製を通じて，タンパク質の定量を行います．タンパク質定量方法もいろいろありますが，各方法の特徴を掴んで使用します．得られたタンパク質は，ポリアクリルアミドゲル電気泳動にて純度を調べます．電気泳動後の染色方法も感度が異なります．

＜参考文献＞

1）Andrews, P. : The gel-filtration behaviour of proteins related to their molecular weights over a wide range. Biochem. J., 96 : 595-606, 1965
2）Weber, K. & Osborn, M. : The reliability of molecular weight determinations by dodecyl sulfate-polyacrylamide gel electrophoresis. J. Biol. Chem., 244 : 4406- 4412, 1969

43 Question

大腸菌で発現させた組換えタンパク質を精製したのですが，ほとんど取れていませんでした．どうしたらよいでしょうか？

Answer

発現系に問題がない場合，タンパク質が封入体（Inclusion body）を形成している可能性があります．可溶化操作をしましょう．

考え方

❶ **どうしたら精製操作の後にタンパク質が取れてこないのか？** （→「トラブルを起こす」p.16）

どのような時に大腸菌に発現タンパク質が存在しないのか，存在しても抽出・精製されてこないのかを考えてみましょう．

対処　実験の原理を知る，試薬/検体の特徴を知る （→ p.32）

大腸菌での組換えタンパク質の発現には，6分子のHisタグを付加した系（6×Hisタグ系）やGST（Glutathion S-transferase）との融合タンパク質として発現させる系がよく用いられます．発現系に問題があるため発現していないか，発現したタンパク質が粗精製の段階で溶出していない可能性があります．6×HisタグやGST融合タンパク質系の場合は，精製キットが各社から市販されていますので，利用するとよいでしょう．

タンパク質を大量発現させた場合，発現タンパク質のフォールディング（Folding）が適切に行われず，疎水基が表面に出て凝集した封入体（Inclusion body）になることがあります．封入体となった発現タンパク質は，超音波処理後の細胞の破片に紛れ込んでしまい，見かけ上回収率が低くなることがあります．

8M尿素や界面活性剤の存在下で抽出することにより，可溶化分画に取れてきます．また，尿素により可溶化された融合タンパク質は，透析により尿素を

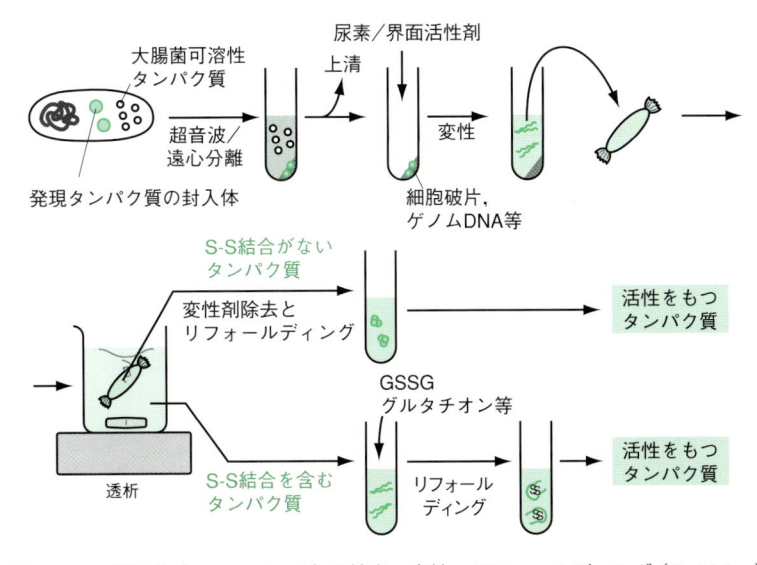

図4-43-1 封入体（Incluson body）の抽出・変性・リフォールディング（Refolding）

除去した後リフォールディング（Refolding）し不溶化しなくなるものが多いです（図4-43-1）．一方，リゾチームと界面活性剤により大腸菌を破砕し，封入体の可溶化も簡単にできる商品もあります［B-PER Protein extraction reagents, Inclusion body solubilization reagent：Pierce Chemical Company（テクノケミカル）注］．この方法では，リゾチーム処理と界面活性剤処理により封入体を抽出しやすくしています．

タンパク質内でS-S結合ができている場合は厄介です．封入体を可溶化抽出後，グルタチオンなどによるS-S結合のリフォールディングを行いますが，これには試行錯誤が必要です（図4-43-1）．

リフォールディングの検討ができるキットも市販されています．
　　Refolding CA Kit：宝酒造
　　FoldIt Kit：HAMPTON RESEARCH 社（フナコシ薬品）

▶プロトコール参照▶ 「参考図書-C」第5章-1 Hisタグタンパク質の発現と精製／2 GST融合タンパク質の発現と精製／3 封入体からの活性再生および精製（p.139-179）

まとめ　界面活性剤等により封入体（Inclusion body）を可溶化してみましょう．

注：Pierce Chemical Company：http://www.piercenet.com/
　　テクノケミカル：http:www.technochemical.com/

44 Question

透析膜を用いた透析や濃縮の前後でタンパク質量を測定し回収率を出したのですが，回収率が80％を切ることがあります．タンパク質の性質によるのでしょうか？

Answer

タンパク質の種類により透析膜に吸着しやすい場合もありますが，透析の操作やタンパク質量を測定する際の検体の希釈率，測定する際の吸光度に問題があるかもしれません．

考え方

❶ どうしたら実験操作中にタンパク質が取れなくなるのでしょうか？（→「トラブルを起こす」p.16）

透析の回収率が低いという結果は，透析中にタンパク質が膜から漏れたり膜に吸着されたか，タンパク質量の測定が正確に行われていないかのどちらかでしょう．

対処 実験の原理を知る，試薬/検体の特徴を知る（→ p.32）・コントロールの設定（→ p.35）

透析膜は，硫安分画後の脱塩，緩衝液の交換，糖濃縮など昔から用いられます．

1 膜のポアサイズ

透析膜には，膜のポアサイズがあります．例えば，よく用いられるVisking の Cellulose tube（Viskase社）の排除分子量は，12kDa程度です．また Pierce Chemical Company社の透析膜（商品名：SnakeSkin Dialysis Tubing）の場合では，排除分子量3.5kDa，7kDa，10kDaのものがあります．低分子のペプチドを透析する場合などは，どのチューブを用いるかで差が出てきますので，注意が必要です．

Case4：カラムクロマトグラフィーによるタンパク質の精製

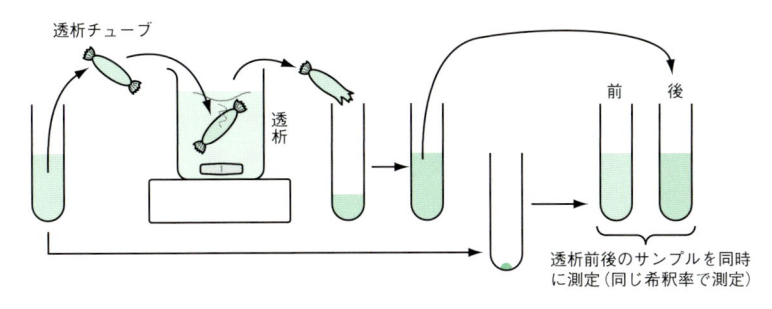

図4-44-1　透析の回収率測定
透析の前後での回収率を測定します．しかし，透析前は高塩濃度で測定できない場合もあります．測定できない場合は，その前の精製ステップでの測定値と比較しましょう

2 膜への吸着

タンパク質濃度が，mg/ml単位程度の溶液を透析する場合は，膜への吸着は通常問題ありません．しかし，μg/ml＞の希薄な溶液を透析する場合は，膜への吸着が無視できない場合があります．また，タンパク質の種類によっては，希薄な溶液の場合に吸着しやすい場合もあります．

3 透析前後でのタンパク質量の測定

タンパク質量の測定が正確かどうか調べましょう．透析前と後でタンパク質量を測定します．この際，透析前のタンパク質溶液を残しておき，これをコントロールとして測定します．異なる日に測定したデータの比較よりも同時に測定したデータの方が，誤差が少ないでしょう（図4-44-1）．一方，透析前後で溶液組成が異なる場合が多いので，妨害物質の影響も無視できない場合があります（→「Q48」p.199）．タンパク質の濃度が高い場合は，希釈して測定します．希釈する場合は，透析前後のサンプルの希釈率を同じにし，測定値の吸光度が極端に変わらないようにして測定します．例えば，透析前は100倍希釈で測定したが，透析後は10倍希釈で測定した場合は，双方の吸光度の値によっては公平に評価できません．分光光度計の測定値は，値により正確さは異なりますので注意しましょう．

高塩濃度で活性測定できないために透析することはよくあります．透析前のサンプルが正確に測れない時は，可能な範囲で充分に希釈して測ります．難しい時はさらに前の精製ステップとの回収率を比較しましょう（どこのステップでタンパク質ならびに活性が回収されていないかを確認することも大切です）．

▶プロトコル参照▶　「参考図書-C」第4章-2-5　透析（p.78-80）

まとめ　膜への吸着ばかりでなく，タンパク質量の測定の手順についても検証しましょう．

45 Question

酵素タンパク質を硫安分画したところ，酵素活性が下がってしまいました．どうしてでしょうか？

Answer

硫安は，一般にはタンパク質に対して安定です．使用した硫安濃度で沈殿し，しっかりと透析を行えば問題ありません．むしろ，活性の回収率を確認しましょう．

考え方

❶ **どのようにすれば活性が検出されないのか？**（→「トラブルを起こす」p.16，「先入観の排除」p.25）

実験操作で活性が下がるということは，活性の回収率が悪いのかもしれません．また，酵素活性測定が阻害されるかもしれません．実験工程を見直して可能性を探りましょう．

対処　実験の原理を知る，試薬/検体の特徴を知る（→ p.32）・コントロールの設定（→ p.35）

低濃度の塩が存在するとタンパク質の溶解度が上がる現象を，塩溶といい，逆に高濃度の塩が存在するとタンパク質が沈殿する現象を，塩析といいます．硫安を用いた塩析は，タンパク質の不可逆的な変性がないことから，タンパク質の粗精製によく用いられます．また，タンパク質の濃縮にも古くから使われる方法です．分子量数万以上のタンパク質ならば確実に塩析され沈殿します．塩析されたタンパク質は遠心して沈殿とした後，緩衝液に対して充分に透析します．

塩析においては，タンパク質により沈殿する硫安濃度（通常，飽和硫安に対する％で表します）が異なります．

まず，塩析に用いた硫安濃度が適切であったかどうかの問題があります．タンパク質は，上清か沈殿にあるはずですから，上清，沈殿おのおのを透析脱塩

Case4：カラムクロマトグラフィーによるタンパク質の精製

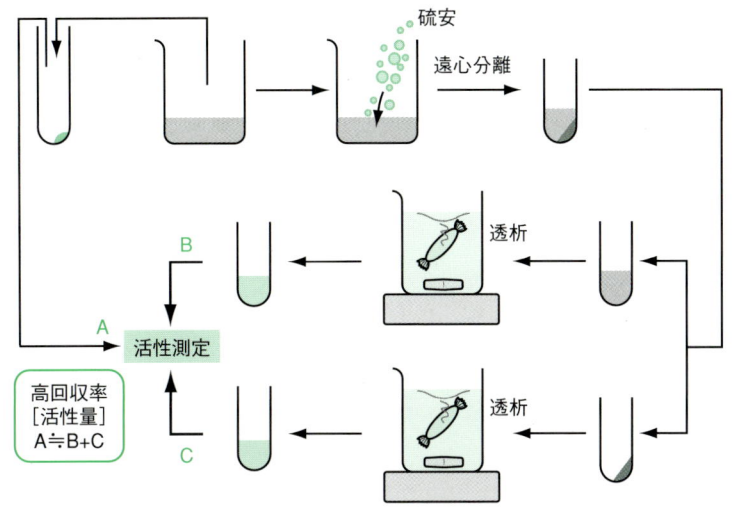

図4-45-1　硫安分画での活性回収率の測定
　　　　　硫安分画の前後および遠心後の上清・沈殿の活性・タンパク質量を測定
　　　　　し，流れをモニターしましょう

し活性を測ってみましょう．上清にも多少は活性があると思われます．もとの活性と上清，沈殿の活性の和がほぼ等しいか調べましょう．透析が不充分な場合，残った硫安のために見かけ上酵素活性測定に影響する場合もあります．酵素活性測定の際は，酵素を希釈して実験しましょう．測定の流れを図4-45-1に示します．硫安分画前（A），硫安分画後（B，C）の容量を正確に測ります．正確に測定されれば，チューブAの総活性量＝チューブBの活性量＋チューブCの活性量となります．活性やタンパク質量は各チューブの絶対量（濃度×容量）にて測定して比較しましょう．

▶プロトコール参照▶ 「参考図書-C」第4章-2　硫安分画，濃縮，脱塩操作（p.72-80）

まとめ　タンパク質がどの分画に存在するのかを確認しながら実験しましょう．

46 Question

ゲル濾過クロマトグラフィーで精製を行ったところ，タンパク質の回収量がよくありません．どうしてでしょうか？

Answer

添加したタンパク質の量によりますが，ゲルへの吸着も考えられます．また，回収タンパク質量はクロマトグラフィーの全フラクションから測定しましょう．

考え方

❶ カラム操作前後で本当に回収されていないのでしょうか？（→「先入観の排除」p.25）

添加したサンプルが消えてしまうことはありません．カラムもしくはフラクションチューブのどこかにあるはずです．

対処　実験の原理を知る・試薬/検体の特徴を知る（→ p.32）

ゲル濾過クロマトグラフィーは，分子ふるい効果によりタンパク質を分離できる方法で手軽に実験ができることから，タンパク質の正確な分離から脱塩まで広く用いられています．LP変性剤にてサブユニット構造を崩さずに精製できるばかりか，界面活性剤によりサブユニットを分離することもできる方法です．

ゲル濾過クロマトグラフィーでは，サンプルは希釈されますから，ゲル濾過にかける前に濃縮操作を行い，ゲル容量の3％以内のボリュームにして添加することが必要です．また，カラムがあまり細すぎると壁効果によりバンドが拡散することがあります．ゲルの充填・分離に際して，圧力を変えすぎるとゲルが潰れて分離できなくなります．ゲルの説明書で使用条件を確認しておきましょう．

タンパク質を精製する際には，硫安分画やアセトン沈殿などの粗抽出の場合でもクロマトグラフィーによる精製の場合でも，タンパク質とその活性がどの分画，どのチューブ，カラムのどの部分にあるかを確かめながら（モニターし

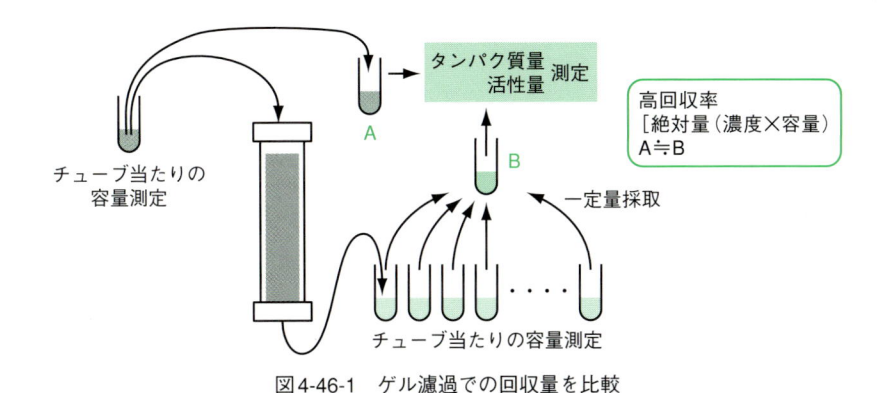

Case4：カラムクロマトグラフィーによるタンパク質の精製

図4-46-1 ゲル濾過での回収量を比較

ながら）進めます．そうすることで，より効率のよい精製法につながります．
　まず，ゲル濾過カラムに添加したタンパク質量，活性量ならびにゲル濾過の全フラクションチューブにあるタンパク質量，活性量の合計を測定し回収率を求めましょう（図4-46-1）．フラクションチューブからは，一定量の溶液を採取しプールして測定すると簡単で，かつ正確です．ただし，フラクションごとのタンパク質の粘性等が異なる場合は，それを考慮しましょう．測定の際は，ゲル濾過添加前（A）と添加後（B）の絶対量（濃度×容量）を正確に測りましょう．回収率が高ければA≒Bに近くなるはずです．このような場合は，添加したタンパク質量・活性量とフラクションの合計がほぼ同じなので実験自体は問題ないでしょう．しかし，この差が大きい場合（例えば，回収率60％以下）は，ゲルに非特異的にタンパク質が吸着した可能性があります．添加したタンパク質量がμg単位の場合は特に気を付けましょう．
　このような場合は，あらかじめ1％BSA（Bovine Serum Albumin）などの**タンパク質を流して，ゲルの吸着サイトを埋めてしまう方法も有効です**．ただし，充分に緩衝液で洗浄しA_{280}を測定してタンパク質が流れきっていることを確認してからサンプルを添加します．また，緩衝液の塩濃度を上げたり，界面活性剤（0.01％ Tween20等）を加えることで非特異的な吸着を防げます．
　なお，ゲル濾過クロマトグラフィーでは，サンプルは希釈されますからゲル濾過に添加する前に濃縮操作が必要です．

▶**プロトコール参照**▶　「参考図書-C」第4章-6　ゲル濾過クロマトグラフィー（p.116-123）

まとめ　**タンパク質がどこにいるのかを把握しながら実験しましょう．**

バイオ実験トラブル解決超基本 Q&A

47 Question

ポリアクリルアミドゲル電気泳動で分離されたタンパク質を精製しようとイオン交換とゲル濾過クロマトグラフィーを試みましたが，分離ができません．どこに問題があるのでしょうか？

Answer

電気泳動とクロマトグラフィーは原理が異なるためです．どうしてもダメならば，電気泳動で分離してそのまま使いましょう．

考え方

❶ 分析は電気泳動，精製はクロマトグラフィーと考えていませんか？（→「先入観の排除」p.25）

分離できる方法で精製することを考えましょう．

対処　実験の原理を知る，試薬/検体の特徴を知る（→ p.32）

　タンパク質の精製は，高速液体クロマトグラフィー（HPLC）ならびにオープンカラムでの低圧クロマトグラフィー行うことが一般的です．

　電気泳動とカラムクロマトグラフィーとは，原理が異なります．ポリアクリルアミドゲル電気泳動（PAGE）で分離分析できるサンプルならば，電気泳動で精製することも考えましょう．特に，免疫原精製など少量のタンパク質精製の場合は，（非変性）PAGEのバンドを直接切り出して用いることも可能です．多少アクリルアミドゲルが混入していても免疫原としては使用できます（図4-47-1）．この場合のタンパク質量は，マイクロアッセイで実測するか，電気泳動に添加したタンパク質量から推定します．

　図4-47-1では，CBBにてゲルの一部を染色しています．Copper stainなど，ネガティブ染色（→「Q50」p.206）を用いれば，ゲルの一部を染色しなくてもバンドの切り出しが可能です．

Case4：カラムクロマトグラフィーによるタンパク質の精製

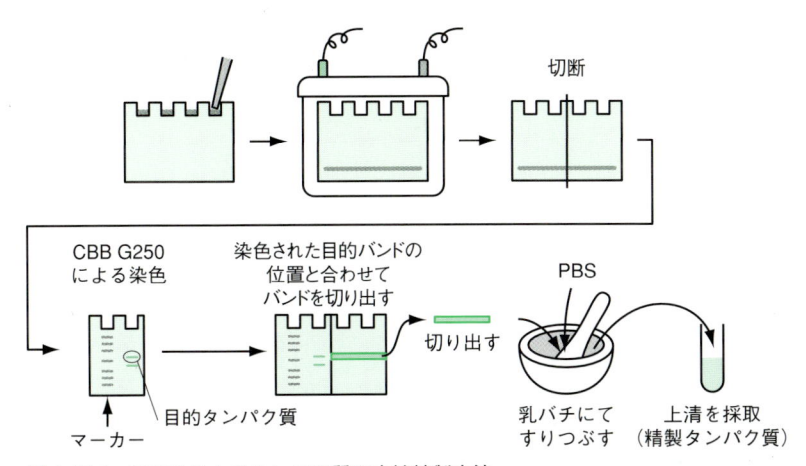

図4-47-1　PAGEによるタンパク質の直接精製方法
　　タンパク質溶液をPAGEにかけた後，ゲルの一部を染色して目的タンパク質のバンドを確認します．残りのゲルは染色しないでバンドを切り出して抽出します

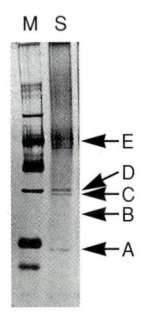

図4-47-2　タンパク質のPAGE像
　　精製したいタンパク質（D）は，矢印のバンドです

　このようなゲルからの抽出精製または電気泳動後，PDGF膜に転写してバンドを切り出しタンパク質を抽出して，N末端決定に用いることもあります．
　一方，PAGEをそのまま調製用電気泳動とした装置も市販されています．例えば，モデル491プレップセル（Bio-Rad Laboratories），バイオフォレーシス（アトー（株））などがあります．
　図4-47-2のようにPAGEで分離できたタンパク質を精製したい場合，PAGEに添加したサンプルをスケールアップしてそのまま調製用電気泳動（バイオフォレーシス）に添加します．この装置では，PAGEで泳動した時と同じ順番でバンドが検出されます．図4-47-3に示されるようにフラクションごとにバン

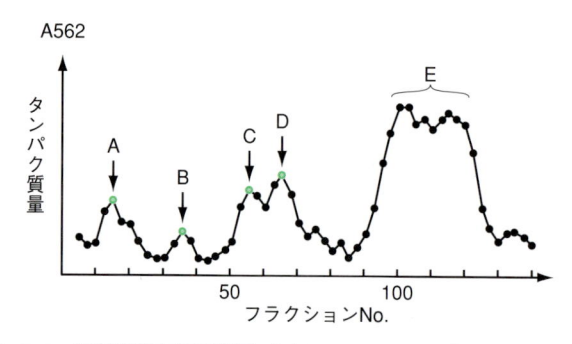

図4-47-3 調製用電気泳動装置（バイオフォレーシス）での溶出パターン
電気泳動パターンと同様に低分子から溶出されます

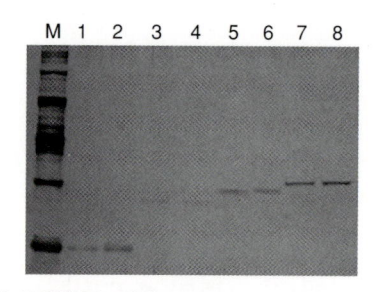

図4-47-4 調製用電気泳動装置で溶出されたタンパク質の検定
レーン1, 2：A　レーン3, 4：B　レーン5, 6：C　レーン7, 8：D
調製用電気泳動で溶出したピーク分画（図4-47-3A, B, C, D）をPAGEにて検定しました．図4-47-2のA, B, C, Dと同様にバンドが検出されています

ドが検出されます．図4-47-3のA，B，C，D付近のフラクションをPAGEにて電気泳動したところ，目的タンパク質が精製されたことがわかります（図4-47-4）．ただし，この方法は濃縮効果がありません．そのため，ある程度の量があるタンパク質もしくは，分離精製したタンパク質の量が少なくても使用できる場合になります．

▶プロトコール参照▶ 「参考図書-D」第2章-4　SDS-PAGEによるタンパク質の精製法（p.48-54）

まとめ　ポリアクリルアミドゲル電気泳動で分離できるタンパク質ならば，電気泳動でタンパク質を精製することも可能です．

Case4：カラムクロマトグラフィーによるタンパク質の精製

48 Question

タンパク質を定量したのですが，感度よく測定できませんでした．どうしたらよいでしょうか？

Answer

緩衝液中に妨害物質が含まれている可能性があります．タンパク質定量方法の妨害物質を確認しましょう．

考え方

❶ タンパク質定量キットの原理や特徴を知って使っていますか？（→「先入観の排除」p.25）

　タンパク質定量反応は，どのような原理で行われ，どのような物質が反応を阻害するのか考えましょう．

対処　実験の原理を知る，試薬/検体の特徴を知る（→ p.32）

　タンパク質の定量には，下記の4方法がよく用いられます．各方法は，妨害物質の種類，測定範囲，使用方法などに特徴があります．特徴を知って使い分けましょう．

① UV（紫外部）吸収法

　タンパク質中のチロシン，トリプトファンなど芳香族アミノ酸がもつ280 nmの吸収を測定します．他の3つの方法よりも感度は低いものの簡便であるため，クロマトグラフィーのモニターに有効です．また，タンパク質のチロシン，トリプトファン含量により吸光度が異なるために，精製されたタンパク質の定量では，$A^{1\%}_{280}$（タンパク質の10mg/ml溶液が示す吸光度）が有効です．通常は，$A^{1\%}_{280}$＝10程度と概算します．しかし，BSA：$A^{1\%}_{280}$＝6.8，γ-グロブリン：$A^{1\%}_{280}$＝14.3など，タンパク質により差があります．

　　妨害物質：DNA・RNAなど280nm付近に吸光をもつ物質
　　使用波長：280nm
　　測定領域：100〜1000μg/ml

図 4-48-1　色素結合法の原理

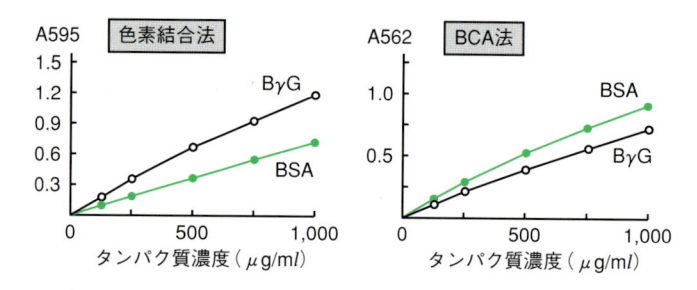

図 4-48-2　タンパク質の種類による定量法の差
色素結合法（CBB G250）とBCA法でのタンパク質による標準曲線の差をみてみましょう．BSA（Bovine Serum Albumin）およびBγG（Bovine γグロブリン）を用いて標準曲線を描くと，色素結合法に比べてBCA法の方が異なるタンパク質での差が少ないです．

2 色素結合法（Protein assay：Bradford法）

　水溶性のCBB G250（Coomassie Brilliant Blue G250）が酸性溶液中でタンパク質に結合した場合の吸光度変化を測定します．すなわち，遊離のCBB G250は465nmに吸収極大をもつのに対し，タンパク質と複合体を形成したCBB G250は，595nmに吸収極大をもちます（図4-48-1）．操作が簡便で妨害物質も少ないことから広く用いられていますが，タンパク質の種類による吸光度の差（同じ濃度のタンパク質が示す吸光度の差）が大きいため（図4-48-2）に，BSA換算などの表示をしなければいけません．別名，Bradford法とも言います[1]．

●反応概要
タンパク質＋CBB G250 → タンパク質・CBB G250複合体（青色 A595）

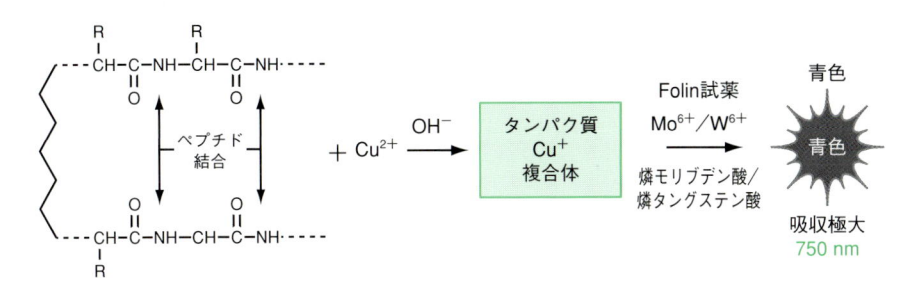

図4-48-3　Lowry法の原理

（酸性溶液での反応）
妨害物質：顕著な妨害物質はないが，高濃度の界面活性剤（イオン性，非イオン性）により，吸光度の変化や試薬が沈殿を起こすことがあります．
使用波長：595nm
測定領域：1～25μg/ml（マイクロアッセイ）
　　　　　25～1,000μg/ml（スタンダードアッセイ）

3 Lowry法（Folin加銅法）

Cu^{2+}は塩基性で，タンパク質と反応すると赤紫色を呈します（ビュレット法）．一方，フェノール試薬（Folin試薬）は塩基性で，チロシン，トリプトファン，システインと反応すると青くなります．この2つの反応を組合わせることにより，高感度にタンパク質を定量する方法がLowry法[2]（図4-48-3）でタンパク質定量法の古典的なもので，フェノール試薬も市販されています．

●反応概要
タンパク質（ペプチド結合）＋Cu^{2+}→タンパク質・Cu^+錯体（ビュレット反応）
＋フェノール試薬＋燐モリブデン酸／燐タングステン酸→燐モリブデンブルー／燐タングステンブルー
（塩基性溶液での燐モリブデン酸／燐タングステン酸の還元反応）
妨害物質：界面活性剤，SH化合物，キレート剤（Cuをキレートする試薬），トリス，トリシン，K^+，カテコラミン，尿酸，カテコラミン，チロシン（アミノ酸として），トリプトファン（アミノ酸として），システイン（アミノ酸として），ヒドラジン，H_2O_2，尿酸，グリセロール，スクロース．その他還元剤に弱い．
使用波長：750nm
測定領域：1～1,500μg/ml（スタンダードアッセイ）

4 BCA法

Lowry法は，ビュレット法とFolin反応を組合わせた方法です．BCA法は，ビュレット反応でのタンパク質とCu^{2+}との反応で生じるCu^+とBicinchonate（BCA）が紫色の複合体を形成することを利用した方法です[3]

図4-48-4 BCA法の原理

（図4-48-4）．Lowry法に比べ感度がよく妨害物質が少なく，さらにタンパク質による吸光度の差が少ない（図4-48-2）ことから，広く用いられています[注]．

　　妨害物質：アスコルビン酸，EGTA，鉄イオン，カテコラミン，チロシン（アミノ酸として），トリプトファン（アミノ酸として），システイン（アミノ酸として），ヒドラジン，クレアチニン，H_2O_2，フェノールレッド，尿酸，グリセロール，スクロース
　　使用波長：562nm
　　測定領域：1～20 μg/ml（マイクロアッセイ）
　　　　　　　20～2,000 μg/ml（スタンダードアッセイ）

　タンパク質定量の際には，タンパク質がリン酸緩衝液などに溶けていれば問題ありません．しかし，抽出・精製過程で可溶化に用いた界面活性剤や還元剤が含まれている場合などは，方法を選択した方がよいでしょう．

▶**プロトコール参照**▶ 「参考図書-C」第2章-3　タンパク質の定量法（p.29-34）

＜参考文献＞

1) Bradford, M. M. : A rapid and sensitive method for the quantitation of microgram quantities of protein utilizing the principle of protein-dye binding. Anal. Biochem., 72 : 248-254, 1976
2) Lowry, O. H. : Protein mesurement with the Folin Phenol Reagent. J. Biol. Chem., 193 : 267-275, 1951
3) Smith, P. K. et al. : Mesurement of protein using bicinchoninic acid. Anal. Biochem., 150 : 76-85, 1985

まとめ タンパク質定量は，妨害物質の影響や各方法の違いを理解して行いましょう．

注：各メーカーにより，チューブアッセイやマイクロプレート（96穴プレート）アッセイなどさまざまなバリエーションの試薬が市販されています．
測定範囲も製品により異なりますから，メーカーのカタログやホームページで確かめてください．

Case4：カラムクロマトグラフィーによるタンパク質の精製

49 Question

アフィニティークロマトグラフィーで吸着効率が低いのですが，どうしてでしょうか？

溶出画分の活性の回収率が低かった．

Answer

結合せずに漏れている可能性もあります．Pass through画分の活性を調べましょう．

考え方

❶ **どうしたら吸着しなかったり，吸着しても溶出しないのか？**（→「トラブルを起こす」p.16,「先入観の排除」p.25）

吸着しない状況と吸着していても見間違える状況を考えてみましょう．

対処 実験の原理を知る，試薬/検体の特徴を知る（→ p.32）

アフィニティークロマトグラフィーは，特異的にタンパク質を精製でき，さらに濃縮されたサンプルとして得られることから，タンパク質精製の有力な手段です．まず，溶出画分の活性が低い場合，吸着効率が低いのか，吸着したまま回収されていないのかを調べましょう．素通り（Pass through）の画分も含め，タンパク質の回収率と活性の回収率を調べます．両者とも低い場合は，タンパク質がカラムにまだ吸着しています．活性が素通り画分に出ている場合は，リガンドの種類や結合条件の問題が考えられます．アフィニティークロマトグラフィーの実験条件を確認してみましょう．

1 リガンドの確認

まずリガンドを確認しましょう．精製したい分子と結合するリガンドであることを確認します．例えば，免疫グロブリンに特異的に結合するProtein AやGは，免疫グロブリンのサブクラスにより結合力が違います（表4-49-1）．このため，Protein AまたはG単独では，精製できない免疫グロブリンサブクラスもあります．表では，（モノクローナル抗体でよく用いる）マウスのIgG1

表4-49-1 各種動物由来免疫グロブリンのProtein A/Gへの結合

抗体	Protein A	Protein G	Protein A/G
Rabbit IgG	◎	◎	◎
Mouse IgG	◎	◎	◎
Mouse IgG1	△	○	○
Mouse IgG2a	◎	◎	◎
Mouse IgG2b	◎	◎	◎
Mouse IgG3	◎	◎	◎
Mouse IgM	×	×	×
Rat IgG	△	○	○
Goat IgG	△	◎	◎
Guinea pig IgG	◎	△	◎
Horse IgG	△	◎	◎
Sheep IgG	△	◎	◎
Chicken IgG	×	×	×
Human IgG	◎	◎	◎

◎：結合強，○：結合，△：結合弱，×：結合せず

を精製する場合は，Protein Aでは不向きであることがわかります．

図4-49-1Aは，血清中のIgGをProtein Aカラムで精製した際のクロマトパターンです．精製したIgGをPAGEにて検定した結果は図4-49-1Bです．特異性が高いアフィニティークロマトグラフィーにより，アルブミンも除かれ血清を硫安分画するよりも高い精製度で精製されていることがわかります．

2 精製条件

精製の際にイオン強度や変性剤，ケオトロピックイオンなどを用いて溶出させます．結合と洗浄の際にタンパク質が溶出している可能性があります．

洗浄で溶出している分画に活性が出てきているかどうか調べましょう．また，夾雑タンパク質が非特異的にゲルに結合する可能性がありあます．図4-49-1のIgG精製の事例のように，高濃度で含まれるタンパク質の精製では，問題ありません．目的タンパク質の含量が低い場合は，検体をあらかじめリガンドが結合していないゲルに流し，非特異的に吸着するものを吸着させてからアフィニティーカラムに添加しましょう．夾雑タンパク質の非特異的なゲルへの結合により，目的タンパク質のリガンドへの結合が阻害されることを防ぎます．

3 活性測定

タンパク質を精製するためにアフィニティークロマトグラフィーを用いています．溶出に用いた塩，変性剤，ケオトロピックイオンは，通常の活性測定には悪影響を及ぼします．ゲル濾過，透析などで完全に除去しますが，これが不充分な場合，活性に影響を及ぼす場合があります．この場合，タンパク質は回収されても活性が見かけ上落ちています．

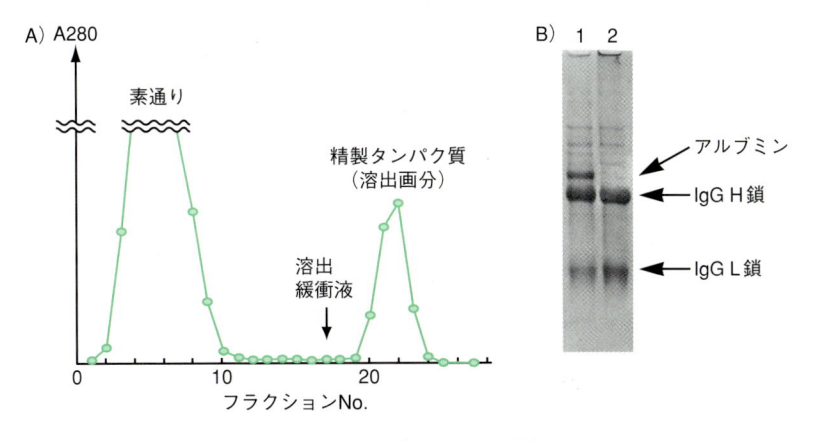

図4-49-1 血清からの免疫グロブリンIgGの精製
A) Protein Aによる血清からのIgG精製クロマトパターン
B) 精製IgGの電気泳動での評価
　　レーン1：硫安分画IgG，レーン2：Protein A精製IgG

4 組換えタンパク質

　発現タンパク質の場合は，Inclusion body（封入体）が形成されているためにカラムに吸着できない場合があります（→「Q43」p.188）．添加する大腸菌の抽出物の可溶性分画に目的タンパク質が存在していることを，SDS-PAGEやnative-PAGEで確かめましょう．

▶プロトコール参照▶ 「参考図書-C」第4章-7-2　アフィニティークロマトグラフィーの実際
　　　　　　　　　（p.124-133）

まとめ　リガンドへの結合条件が問題となります．タンパク質がどの分画に存在するかを追いながら実験しましょう．

バイオ実験トラブル解決超基本 Q&A

50 Question

SDS-PAGEで精製したタンパク質の純度を評価したのですが，染色方法により結果が異なりました．どうしてでしょうか？

精製したタンパク質をPAGEで評価したところ1バンドでした．しかし，他の人が検定したら複数のバンドが検出され，精製が不充分でした．

Answer

タンパク質染色方法の感度は，方法により差があります．方法による感度の違いを認識しましょう．

考え方

❶ **実験方法の限界を考えましょう**（→「プロトコールに忠実か」p.25，「先入観の排除」p.25）

タンパク質の検出方法にはいろいろありますが，おのおの限界もあるでしょう．方法の特徴を考えてみましょう．

対処　実験の原理を知る・試薬/検体の特徴を知る（→ p.32）

例えば四半世紀前は，μg単位のタンパク質をディスク電気泳動に乗せCBB（Coomassie Brilliant Blue）R250で染色し，脱色して1本のバンドならばそのタンパク質は精製されたとみなされたでしょう．しかし今では，スラブ電気泳動後，銀染色で染めて1バンドになり，さらにN末端の配列を確認しタンパク質のデータベースとの比較確認などを行った方がよいです．タンパク質染色方法の感度は，方法により異なります．このため，目的に応じて染色法を使い分けます．

1 よく用いる染色方法と特徴

A）色素結合法

最も一般的なタンパク質染色方法です．歴史的には，CBB R250染色法が古くから用いられています．CBB G250は水溶性であることから，タンパク

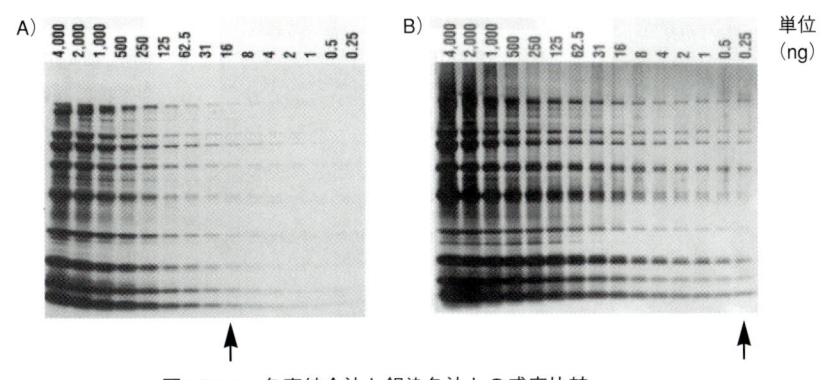

図4-50-1　色素結合法と銀染色法との感度比較
A）色素結合法（CBB G250による染色）
B）銀染色法
色素結合法に比べ銀染色法は約100倍高感度である

質の定量に用いられます（→「Q48」p.199）が，ゲル染色にも使用できます．以前は，ゲル染色ではCBB R250が高感度とされていましたが，CBB G250を用いた最近の試薬キット（例：GelCodeBlue Stain reagent：Pierce Chemical Company）は同等の感度をもち，しかもゲルをCBB G250溶液に浸すだけで簡単に染色可能なことから，CBB G250が使われています．CBB G250で感度が足りない場合は，そのまま銀染色を行うことも可能です．

　CBB R250：エタノール（メタノール）／酢酸／水の溶液に溶解
　CBB G250：水・緩衝液に溶解

B）銀染色法

　銀染色は色素結合法よりも高感度にタンパク質を検出できる方法です．原理は，ゲルを$[Ag(NH_3)_2]^+$と還元剤が入っている溶液の中に浸け，それを緩やかに振盪させるとマイナスチャージのタンパク質の中にプラスチャージの$[Ag(NH_3)_2]^+$が取り込まれます．さらに還元剤の作用により$[Ag(NH_3)_2]^+$が還元されて金属銀粒子となる．これは黒色をしているため，DNAを黒いバンドとして検出することができます（→「図2-28-2」p.136）．銀染色法には，多くの変法があります．現在いくつかのメーカーから市販されているキット（例：Silver Stain Plus kit：Bio-Rad Laboratories, GelCode SilverSNAP：Pierce company）は，1時間程度で検出できる方法です．なお，銀染色を行う際の水は純水もしくは超純水（→「Q39」p.173）を用いましょう．他の水を用いるとバックグラウンドが高くなることがあります．

　色素結合法と銀染色法の感度の差は，マーカーの希釈系列をつくるとよくわかります[注]（図4-50-1）．

C）ネガティブ染色法

　前述2つの染色法は，電気泳動によるタンパク質の純度やサンプル中に含まれるタンパク質の種類の検出を目的とする方法です．しかし，ウエスタンブロッティングと抗原抗体反応により特異的にタンパク質を検出する場合や，ゲルからタンパク質を切り出して抽出し，プロテインシークエンサーにかけてN末端の配列を決定する場合では，電気泳動は途中の段階であり，バンドを確認した後でさらに次の実験（タンパク質の定量）に進みます．

　色素結合法や銀染色法では，タンパク質に色素や銀が付着し，その後の分析に影響を及ぼすことがあります．このために，バンドのみが染色されない方法が便利です．このような染色方法をネガティブ染色法あるいはリバース染色法と言います．よく用いられる方法としては，下記のものがあります．

　Copper stain : Bio-Rad Laboratories
　E-Zinc reversible stain : Pierce Chemical Company

　いずれの方法も感度的には色素染色法と銀染色法の中間ぐらいです．

　このように，目的により染色方法も変わります．一般に何かを検出する方法は，多くの種類があります．初めて実験する場合は，特徴を比較してから行いましょう．タンパク質を精製したら，まずは色素結合法と銀染色法にて純度をみてみましょう．

▶**プロトコール参照**▶　「参考図書-D」第2章-1-2　タンパク質の染色（p.21-24）

> **まとめ**　電気泳動でのタンパク質の純度検定は，検出方法によって差が出ます．検出法の感度を認識し，最終的にはN末端の解析などで確かめます．

注：タンパク質染色の検出感度は，使用するメーカーやタンパク質の種類によって若干の違いがあります．正確な感度が必要な場合は，試薬の説明書を参考にして，分子量マーカーの希釈系列により自分で検討しましょう．

Case 5
イムノブロッティングによるタンパク質の特異的な検出

Q51 ～ Q56

6問題

実験内容の背景

　ゲノム情報に基づいて発現されたタンパク質の細胞内での挙動やタンパク質構造の類似性を実験的に調べるためには，目的タンパク質に対する特異抗体が有力な武器となります．

　目的タンパク質と特異的に反応する抗体を用いて微量タンパク質の挙動を高感度に調べる方法は，ドットブロッティングやウエスタンブロティングなどのイムノブロッティング法やELISA（Enzyme linked immunosorbent assay）法として確立しています．これらの実験は，バイオ実験初心者が行う実験の1つでしょう．

　まず特異的な抗体を作製します．免疫化学的な実験で用いる抗体にはモノクローナル抗体とポリクローナル抗体がありますが，いずれにしても抗体を作製する際には免疫原は必要になります．目的タンパク質に対する抗体作製には，高純度に精製されたタンパク質が免疫原としてmg単位用意します．しかし，タンパク質のN末端，C末端のアミノ酸配列が判明している場合や，タンパク質一次構造のデータベースからアミノ酸配列の一部がわかる場合は，ペプチドを合成してキャリアータンパク質（牛血清アルブミンなど高分子タンパク質）に結合させ，ハプテンとして免疫する方法もあります．現在では，タンパク質一次構造のデータベースから親水性アミノ酸が多い部分や疎水性アミノ酸が多い部分，さらにはタンパク質分子の折りたたみ構造を予測して，抗原性が高いペプチドを合成して抗体を作製する方法がよく用いられています．

　細胞内のタンパク質を特異的に検出するには，ドットブロッティングならびに電気泳動後ナイロン膜等に転写して検出するウエスタンブロッティング（イ

Case5の実験の流れ

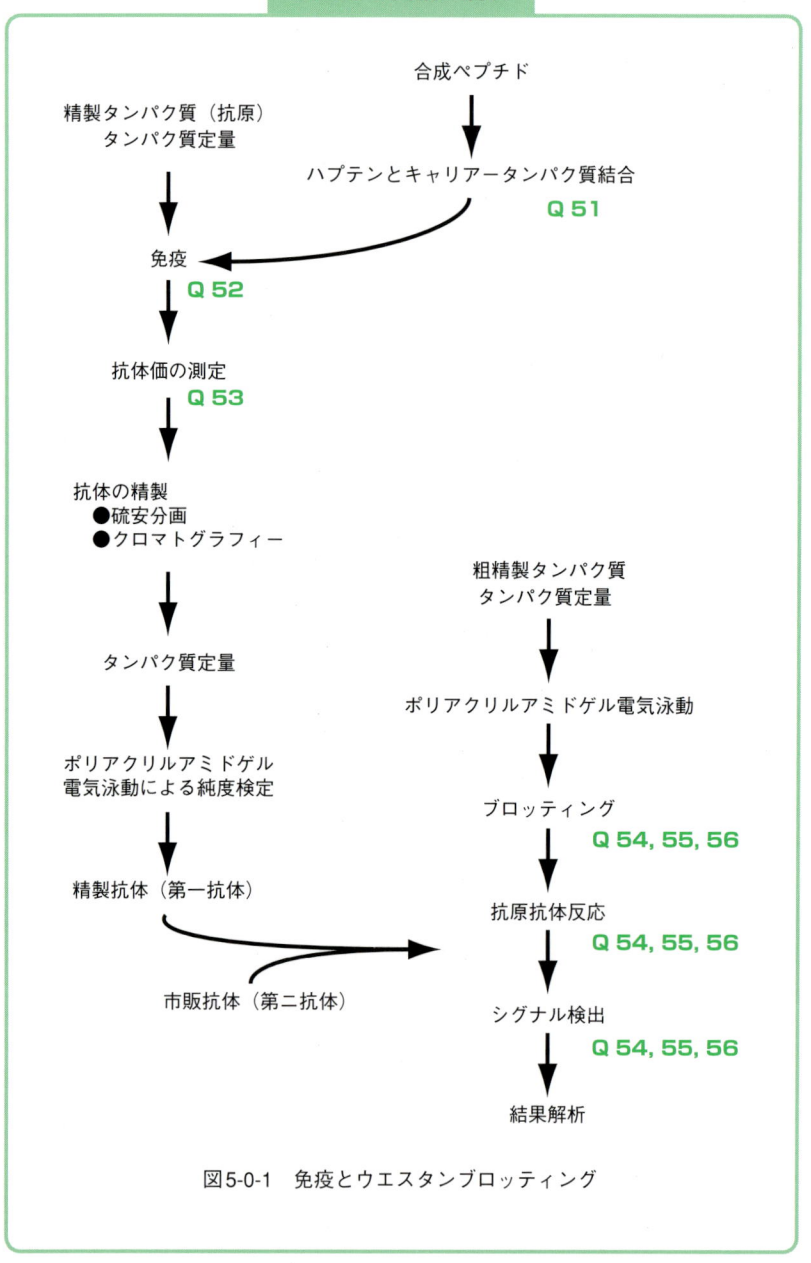

```
精製タンパク質（抗原）          合成ペプチド
タンパク質定量                    ↓
      ↓              ハプテンとキャリアータンパク質結合
                                Q 51
      → 免疫 ←
         Q 52
          ↓
      抗体価の測定
         Q 53
          ↓
      抗体の精製
      ●硫安分画
      ●クロマトグラフィー
          ↓
      タンパク質定量                  粗精製タンパク質
          ↓                           タンパク質定量
      ポリアクリルアミドゲル              ↓
      電気泳動による純度検定        ポリアクリルアミドゲル電気泳動
          ↓                           ↓
      精製抗体（第一抗体）            ブロッティング
              ↘                      Q 54, 55, 56
                                      ↓
            市販抗体（第二抗体）  → 抗原抗体反応
                                      Q 54, 55, 56
                                      ↓
                                   シグナル検出
                                      Q 54, 55, 56
                                      ↓
                                   結果解析
```

図5-0-1　免疫とウエスタンブロッティング

ムノブロッティング法）などを用います．ウエスタンブロッティングは，タンパク質を分子量で同定し量的な解析もできることから免疫化学的な検出法として広く使われています[1)2)]．

抗体の特異性を利用してタンパク質を解析する免疫化学的な実験方法は，イムノブロッティングのみならず免疫沈降法や免疫染色法などにも利用されています．抗体を用いると，目的タンパク質が細胞骨格のタンパク質や活性が不明なタンパク質であっても解析ができる利点があります．

実験の流れ （図5-0-1）

実験の流れと関連する問題を示します．

タンパク質抗原の免疫とポリクローナル抗体の作製 (Q51, 52, 53)

- タンパク質抗原の精製
- キャリアータンパク質の選択とハプテンとキャリアータンパク質の結合
- 動物種の選択と抗原の免疫（動物への注射）
- 抗体価の測定
- 抗体の精製

イムノブロッティング法 (Q54, 55, 56)

- 細胞粗抽出または目的タンパク質の粗精製
- ポリアクリルアミド電気泳動
- 膜へのブロッティング（ウエスタンブロッティング）
- 膜ブロッキング，抗原抗体反応とシグナルの検出

ここでは，ポリクローナル抗体を作製することから始めます．精製したタンパク質を免疫原とする場合は，免疫応答をよくするアジュバンドとエマルジョンを調製し，小動物に免疫（注射）します．合成ペプチドなどの低分子を免疫原とする場合は，ハプテンとしてキャリアータンパク質に結合させた後に小動物に免疫します．

ELISA法などにより動物の血清中に目的タンパク質やペプチドに対する抗体

ができているかどうかを検定し，抗体価が上がったところで採血します．
　採血した血清から抗体を硫安分画やクロマトグラフィーにより精製し，実験に使用できる抗体を得ます．
　目的タンパク質を特異的に検出するためには，目的タンパク質の粗精製品もしくは細胞粗抽出品をSDS-ポリアクリルアミドゲル電気泳動で泳動します．電気泳動されゲル中に留まっているタンパク質をゲルから膜への電気泳動により転写（ウエスタンブロッティング）します．次に膜をブロッキング後，抗体溶液に浸し膜に転写されたタンパク質を抗原抗体反応にて検出します．目的タンパク質と反応する自作の抗体（第1抗体）を反応させた後，第1抗体と反応する市販の酵素標識抗体（第2抗体）を反応させます．最終的に酵素反応を行って，目的タンパク質を定性・定量します．

<参考文献>
1) Towbin, H. et. al. : Electrophoretic transfer of proteins from polyacrylamide gels to nitrocellulose sheets : procedure and some applications. Proc. Natl. Acad. Sci. USA, 76 : 4350-4354, 1979
2) Towbin, H. : Immunoblotting in the clinical laboratory. J. Clin. Chem. Clin. Biochem., 27 : 495-501, 1989

Case5：イムノブロッティングによるタンパク質の特異的な検出

51 Question

ハプテン抗原をキャリアータンパク質に結合させて免疫したのですが抗体ができませんでした．どうしたらよいでしょうか？

Answer

キャリアータンパク質の種類やリンカーの種類を適切な組み合わせにしましょう．また，キャリアータンパク質に対する抗体価も測定しコントロールとしましょう．

考え方

❶ ハプテン化した抗原が免疫原として機能しないためには？（→「トラブルを起こす」p.16）

低分子ペプチドに免疫原としての作用をもたないためにはどうしたらよいかと考えましょう．

対処 実験の原理を知る，試薬/検体の特徴を知る（→ p.32）・コントロールの設定（→ p.35）

特異的な抗体を試薬として用いることで，ウエスタンブロッティングやEIAによりタンパク質の特異的微量検出・定量が可能になります．タンパク質をウサギやマウスなどの小動物に免疫し，その抗体を作製することで抗体は得られます．この場合，分子量1万以上のタンパク質は，タンパク質溶液をそのままアジュバンドと混ぜることにより，そのタンパク質は免疫原となります．しかし，小分子のペプチドなどはハプテンと呼ばれ，そのままでは免疫原とはなりえません．このような小分子は，クロスリンカーを用いてキャリアータンパク質と結合して初めて免疫原としての作用をもちます．つまりハプテンとは，抗体と結合できるが免疫原として抗体産生能がない低分子です．

主にゲノムデータベースやアミノ酸配列データベースより自分が調べたいタンパク質のアミノ酸配列を調べ，ペプチドを合成して免疫原とする場合が多々あります．RasMolソフトウェアを使えば，タンパク質のアミノ酸配列データ

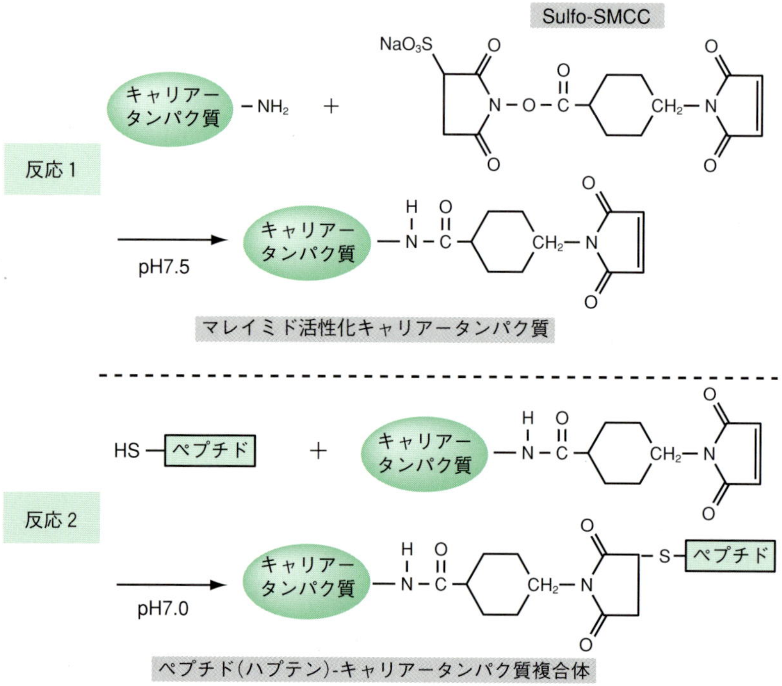

図5-51-1 Sulfo-SMCCを用いた低分子ペプチドのキャリアータンパク質への結合
　キャリアータンパク質にSulfo-SMCCを作用させマレイミド活性化キャリアータンパク質を調製します（反応1）．これにSH基をもつペプチドを反応させてペプチド-キャリアータンパク質複合体をつくります（反応2）

ベース Protein Data Bank（PDB）のデータからタンパク質の立体構造を簡単に視覚化できます．これにより，抗原タンパク質の中でハプテンとしたペプチド配列の位置を目で見ることも可能です（→＜参考＞p.216）．

1 キャリアータンパク質の選択

　KLH（Keyhole limpet hemocyanin）ならびにBSA（Bovine Serum Albumin）がよく用いられます．BSAは水溶性で，水や緩衝液に溶解が容易ですが，KLHはやや難溶性です．使用する時は各社より溶解しやすいKLHが市販されているのでそれを購入しましょう．また，カチオン化したタンパク質をキャリアーとすることで免疫原としての活性を上げることが古くから報告されており[1]，これをもとに市販されているキャリアータンパク質もあります（SuperCarrier Immune Modulator：Pierce Chemical Company）．この方法を用いると，高分子のタンパク質も高い親和性をもつ抗体が作製できる報告もあります．

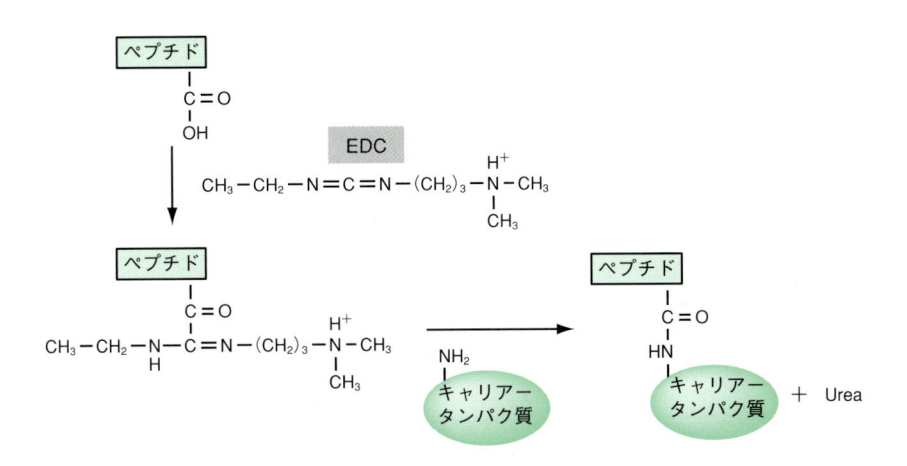

図5-51-2　EDCを用いた低分子ペプチドのキャリアータンパク質への結合
ペプチドのCOOH基とEDCが反応後，キャリアータンパク質のNH$_2$基と反応し，ペプチド－キャリアータンパク質複合体がつくられます

　確実に高い親和性をもつ抗体を作製したい時は，KLH，BSAの両者をキャリアーとして免疫，抗体価が高い方を選びます．

2 クロスリンカー（架橋剤）の選択

　キャリアータンパク質とハプテンのペプチドを結合させる架橋試薬（クロスリンカー，Cross-linker）としては，SH基，COOH基，NH$_2$基と反応するものを利用します．
　クロスリンカーの中にはSulfo-SMCCのように，一方にSH基，他方にNH$_2$基を結合架橋する試薬（Heterobifunctional cross-linker）（図5-51-1）や，EDCのようにCOOH基とNH$_2$基の結合に関与する試薬（図5-51-2）があります．SH基と反応する試薬を用いる場合は，ハプテンとするペプチド合成の際にあらかじめシステイン分子を1分子付加させて合成します．
　キャリアータンパク質と簡単に結合できるようにキット化された製品も市販されています．反応時のpHや緩衝液の種類によっては，ハプテンがキャリアータンパク質に結合できない場合があるので確認しましょう．

3 ペプチドの溶解

　たとえキットを用いる場合でも，合成ペプチドが充分に溶解されていなければ反応は進みません．合成されたペプチドは，まず滅菌水（プロテアーゼフリー）に溶かしましょう．溶けにくい場合は，アミノ酸組成から等電点を確かめて，塩基性ならば希塩酸か0.1％程度の酢酸，酸性ならば0.1％程度のアンモニアに溶かしましょう．

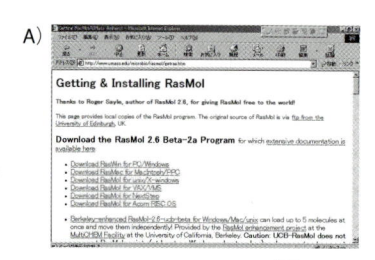

図 5-51-3　RasMol と PDB

　このようなことを踏まえキャリアータンパク質にハプテンを結合させ，免疫原を作製します．
　免疫後，少なくともキャリアータンパク質に対する抗体ができていることが必要です．このため，抗体価を測定する場合には，必ずハプテン（ペプチド）に対する抗体価とキャリアータンパク質に対する抗体価を測定し，免疫操作自体の評価をしましょう．キャリアータンパク質に対する抗体価がコントロールとなります．

＜参考文献＞

1）Muckerheide, A. et al. : Cationization of protein antigens. I. Alteration of immunogenic properties. J. Immunol., 138 : 833-837, 1987

＜参考＞タンパク質立体構造表示フリーソフトウェア：*RasMol*について

①ソフトウェアの入手．「http://www.umass.edu/microbio/rasmol/getras.htm」から指示にしたがってRasMolソフトウェアをダウンロードします．詳しい操作方法も記されています（図5-51-3A）．
②PDBファイルの入手．「http://www.rcsb.org/pdb/（Protein Data Bank）」（図5-51-3B）から自分が調べたいPDBファイルを探し，ダウンロードします．なお，データはintact fileを取ります．
③三次元分子グラフィックの操作（Windows）
・PDBファイル（座標データ）のアイコンをRasMolのアイコンに重ねるとソフトが起動して画像が表示されます．
・分子の立体構造の画像自体を左クリックした状態でマウスを動かすことで，立体構造を動かすことができます．
・shiftキーを押しながら立体構造の画像自体を左クリックした状態でマウスを左右に動かすと，拡大縮小できます．
・メニューの"Display"を左クリックすると，下記のような分子表示を選ぶことができます．例えば，分子の全体像を見たい時には"Ribbons"で表示します．また，分子を構成している原子どうしの結合を見たい時には"Ball & Stick"で表示します．
　"Wireframe"（針金モデル），"Backbone"（骨格モデル），"Sticks"（棒モデル），"Spacefill"（空間充填モデル），"Ball & Stick"（球・棒モデル），"Ribbons"（リボン状モデル）など．
　その他，特定の元素を色分けすることもできます．

まとめ　免疫操作自体の評価のため，キャリアータンパク質に対する抗体価も測定しましょう．

Case5：イムノブロッティングによるタンパク質の特異的な検出

52 Question

ポリクローナル抗体を作製しようとタンパク質抗原を免疫していますが，抗体価が上がりません．どうしてでしょうか？

Answer

タンパク質のアミノ酸配列が，免疫動物のもつ分子に似ている疑いがあります．タンパク質抗原（免疫原）が確実に動物に吸収されているかどうか，実験の段階を追って確かめましょう．

考え方

❶ 免疫しても抗体価が上がらないためには？（→「トラブルを起こす」p.16）

タンパク質抗原（免疫原）が確実に免疫動物に吸収されているかどうか，免疫原と免疫方法について考えてみましょう．

対処 実験の原理を知る，試薬/検体の特徴を知る（→ p.32）

ウサギ，ラット，モルモットなどの小動物でポリクローナル抗体を作製する場合の抗原の問題点と免疫方法の問題点を探します．タンパク質抗原が確実に免疫動物に吸収されるかどうか見ていきましょう．

1 タンパク質抗原（免疫原）

A）ハプテン

免疫原がハプテンの場合は，「Q51」（p.213）の可能性を考えます．

B）動物種

タンパク質抗原の場合，そのタンパク質のアミノ酸配列と免疫動物の当該タンパク質との相同性をデータベースで確認しましょう．相同性があるタンパク質を免疫原とする場合は，抗体価が上がりにくいことがあります．

C）免疫原の量

免疫原タンパク質抗原が少ないために抗体価が上がっていかない場合もあり

217

ます．他の人から譲り受けたタンパク質ならば，表示されている濃度がどのようにして測定されたのか確かめましょう．凍結乾燥品の場合は，凍結乾燥時に緩衝液や糖などが安定化剤として一緒に凍結乾燥されていることもありますから，実質的なタンパク質量を調べましょう．1回の注射に用いるタンパク質抗原量は100μgから5mg程度です．動物のタンパク質にアミノ酸配列が似ている場合は，多くの抗原タンパク質が必要です．どうしても貴重なタンパク質ですから大量に免疫できないことが多いでしょうが，抗体価が上がらない時は増量しましょう．

2 免疫方法

ウサギなど小動物に免疫する時，通常はFreundの完全アジュバント（死菌を含むミネラルオイル）とエマルジョンを調製し，背中に皮内注射を行います．エマルジョンとなっていない場合や1カ所に大量のエマルジョンを注射した場合，皮内に分散しにくく動物の注射した部位が腫れたり化膿します．エマルジョンを水に落として分散しないことを確かめてから少量ずつ分散して注射しましょう（ウサギの場合，1mg/mlの抗原タンパク質2mlを10カ所以上に分散して注射します）．

しかし，免疫方法にはさまざまな方法やノウハウがあるため，経験豊富な人に聞いてみることも必要でしょう．

＜参考＞モノクローナル抗体とポリクローナル抗体

タンパク質を含めた免疫原（抗原）上には，免疫応答能をもつ部分（抗原決定基：タンパク質の場合はアミノ酸配列および立体構造）が多数あります．これらの抗原決定基は抗体産生細胞からつくられた抗体と反応できます．抗原を動物に免疫した場合，マクロファージ細胞に抗原が貪食され，最終的に抗体産生細胞より抗体が産生されます．この際，1種類の抗体産生細胞は1つの抗原決定基を認識する抗体を産生します．この抗体分子は1次構造が同じですから，抗原抗体反応の親和性も同じクローンです．これをモノクローナル抗体といいます．通常はマウスを用い，脾臓細胞と骨髄腫細胞を融合し，培養可能な抗体産生細胞を作製します．

一方，抗体産生細胞が産生した抗体は血液中に分泌され，血清成分となります．この際，すべての抗体産生細胞が作製した抗体が血清中に分泌されるため，同じ抗原決定基を認識する抗体であっても，親和性が異なる抗体の混合物となります．また，特定の抗原と反応する抗体であっても抗原決定基が異なるものが含まれます．このように，血清から抽出した抗体は単一ではなく多くの抗体分子種を含んでいることから，ポリクローナル抗体といいます．モノクローナル抗体の作製は，骨髄腫細胞が確立していることからマウスまたはラットが用いられます．ポリクローナル抗体の作製は，血清が多く採取できるウサギ，ヤギなど多くの動物種が用いられます．

> **まとめ** タンパク質抗原の量を確認しましょう．また，動物への注射個所を多くし，確実に吸収させましょう．

Case5：イムノブロッティングによるタンパク質の特異的な検出

53 Question

保存中に抗体活性が下がっているような気がします．どうしたらよいでしょうか？

Answer

凍結保存すれば通常は問題ありません．なるべく小分けにして凍結融解を行わないようにしましょう．また，冷蔵保存の場合は保存剤を加えましょう．

考え方

❶ 抗体活性を落とすには？ (→「トラブルを起こす」p.16)

抗体は，酵素よりは安定かもしれませんがタンパク質です．

対処 実験の原理を知る，試薬/検体の特徴を知る (→ p.32)・サンプル管理 (→ p.46)

抗体タンパク質は，熱や凍結融解にも弱いです．

まずPBSなどの緩衝液に溶かし，基本的にはできるだけ高濃度で保存しましょう．10～100mg/mlならば問題ありません．通常，小分けにして-80℃保存（ディープフリーザー）します．

冷蔵保存の場合は，0.02～0.1％のアジ化Na（NaN_3）を添加して保存します．ただし，NaN_3はペルオキシダーゼの阻害剤であるため，HRP標識抗体には不向きです．このような場合は，0.01％チメロサールを防腐剤として用いますが，チメロサールは水銀を含むため，廃液は産業廃棄物業者に引き取ってもらうのがよいでしょう．

抗体もタンパク質ですから，希釈して保存はしない方がよいです．希薄な溶液の場合，チューブへの吸着が無視できなくなります．希釈して保存する場合は，保存剤としてPVP，BSA（Fraction Vもしくは再結晶化品）などを終濃度1％程度で添加します．

まとめ 高濃度で凍結保存が最適です．

54 Question

イムノブロッティングで，バックグラウンドが高くてバンドがハッキリ見えません，どうしたらよいでしょうか？

Answer

ブロッキングしたタンパク質に交叉反応で第1抗体が反応している可能性もあります．ブロッキングタンパク質の種類もチェックしましょう．

考え方

❶ **バックグラウンドを高くするには？**（→「トラブルを起こす」p.16）
バックグラウンドが起こる仕組みを考えてみましょう．

対処 実験の原理を知る，試薬/検体の特徴を知る（→ p.32）・コンタミ（→ p.43）

ナイロン膜の上には，タンパク質を吸着できるサイトが多数あります．このため，電気泳動後にウエスタンブロッティングでタンパク質を吸着できます．しかし，タンパク質の種類によっては吸着できない種類もあります．ブロッキングとは，ウエスタンブロットやドットブロットで目的タンパク質を膜に結合させた後に，余った吸着サイトに何らかのタンパク質を吸着させることを言います（図5-54-1）．この処理を行わなければ，第1抗体や第2抗体が吸着サイトに結合し，バックグラウンドとなります．

ブロッキング緩衝液には，終濃度1～3% BSA，カゼインなどが含まれています．これらのタンパク質がナイロン膜上の結合サイトに結合し，第1抗体や第2抗体が非特異的に結合することを防いでいます．

ブロッキング処理をした後でもバックグラウンドがある状況は，ブロッキングが不充分か，第1抗体，第2抗体がブロッキングタンパク質に特異的もしくは非特異的に結合している可能性があります．

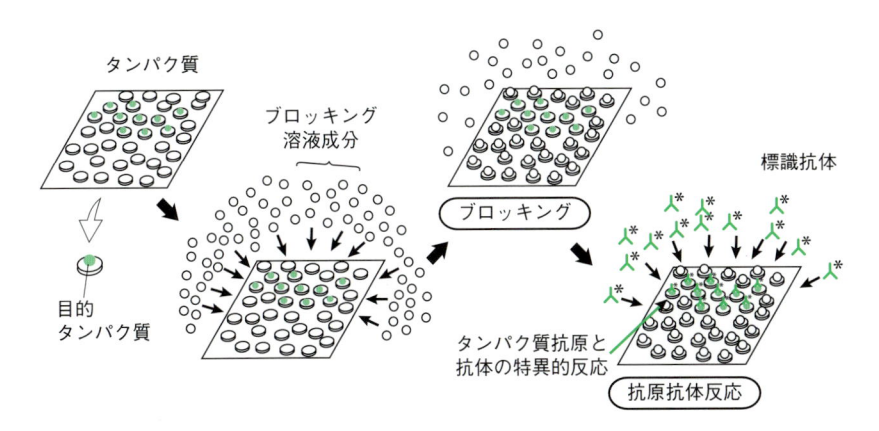

図5-54-1　ブロッキングの概念

ナイロン膜やニトロセルロース膜の上には，タンパク質や核酸が結合できるサイトが多くあります．ウエスタンブロッティングの場合は，電気泳動したタンパク質は，この結合サイトに結合します．しかし，結合サイトに特異性はありませんから，後から第1抗体が来れば非特異的に結合してしまいます．これを防ぐため，ブロッキング溶液で結合サイトをブロックします

1 ブロッキングの強化

緩衝液中に界面活性剤（例えば，0.05% Tween20）をさらに加えてみましょう．また，3%脱脂粉乳（nonfat milk：複数のタンパク質が含まれています）を用いることも効果的です．

2 第1抗体，第2抗体のブロッキングタンパク質への特異的または交叉反応によるバックグラウンド

特異的または交叉反応によるバックグラウンドの可能性があります．

検出したいタンパク質がヒトなど哺乳動物由来の場合は，ブロッキングタンパク質を哺乳動物以外の生物由来のものを使用します．また，アビジン-ビオチン系で検出する場合，脱脂粉乳をブロッキングに使用するとミルクにコンタミしているビオチンが膜に結合し，バックグラウンドとなることがあります．

第1抗体，第2抗体濃度が高い場合に，交叉反応によりブロッキングタンパク質と反応する場合があります．

第1抗体として抗血清を用いた場合，非特異的に血清成分がブロッキングタンパク質を介して結合することがあります．第1抗体を硫安分画まで精製するか洗浄の際に界面活性剤の濃度を上げ，しっかり洗浄を行いましょう．

▶プロトコール参照▶　「参考図書-D」第2章-2　ウエスタンブロッティング（p.26-35）

まとめ　ブロッキング溶液の組成や抗体の交叉反応などを確かめましょう．

Question 55

イムノブロッティングで検出効率が低いのですが，どうしたらよいでしょうか？

Answer

検出を発色だけではなく化学発光法も検討しましょう．

考え方

❶ **イムノブロッティングの検出方法と限界を考えてみましょう**（→「先入観の排除」p.25）

検出方法の原理と限界を再考察してみましょう．

対処　実験の原理を知る，試薬/検体の特徴を知る（→ p.32）

イムノブロッティングでは，通常，発色検出試薬が用いられます．これは，発色の状況を目で確認でき，簡便に結果が見ることができるためです．また，放射性物質を用いなくとも高感度をもつ化学発光法もあります（→「Q40」p176）．これは，ハイブリダイゼーション法の場合と同じです．特に発現量が低いタンパク質を追う場合などは，化学発光法が有効です．

一般的には，µg～ngを調べる場合は発色法，pg～fgを調べる場合は化学発光法と考えておけばよいでしょう．

また，二抗体法の場合も，酵素標識第2抗体ばかりでなくビオチン化第2抗体を用い，アビジン-ビオチン系で検出する方法もあります．

アビジン-ビオチンの結合定数は10^{16}であり，抗原抗体反応の$10^{8～10}$に比べかなり高いため，検出感度も良くなります．

▶プロトコール参照▶　「参考図書-D」第2章-2　ウエスタンブロッティング（p.26-35）

まとめ
化学発光法を用いて高感度に検出することも可能です．

56 Question

ウエスタンブロッティングした膜をもう一度別の抗体で反応させたところ，バックグラウンドが高く検出ができませんでした．どうしたらよいでしょうか？

Answer

ハイブリダイゼーションのリプロービングのようなものです．いったん第1抗体ならびに第2抗体を剥がしてから行ってみましょう．

考え方

❶ 一度，抗原抗体反応を行った後でも，膜には抗原が結合した状態です（→「先入観の排除」p.25）
　　バックグラウンドの原因を取り除くことを考えましょう．

対処　実験の原理を知る，試薬/検体の特徴を知る（→ p.32）・コントロールの設定（→ p.35）

　一度反応させた抗体を取り去り，再度別の特異抗体を反応させる方法は，同じ膜を用いて実験できることから，二度の抗原抗体反応の実験結果を比較できるために大変有効です．サザン・ノーザンハイブリダイゼーションの場合は，リプロービングとしてよく行われていますが，ウエスタンブロッティングでも同じように行うことが可能です．しかし，膜の選定や抗体を剥がす条件を徹底する必要があります．
　まず，強度のあるナイロン膜を使用します（ポール社：バイオダイン系など）．抗原抗体反応後，最終濃度2%SDS，100mM β-メルカプトエタノール溶液を加え，バッグ中で70℃，30分間処理することにより，抗体は変性して剥がされます．完全に剥がした後に再度ブロッキング反応から行うことで，新たな抗原抗体反応を行えます[1]．現在では，抗体を剥がすための緩衝液も市販されています（Restore Stripping Buffer：Pierce Chemical Company）．

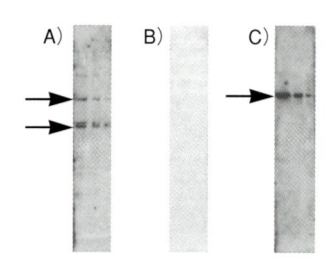

図5-56-1　ウエスタンブロッティングでのリプロービング
A：抗原抗体反応で抗原タンパク質を検出
B：抗原抗体複合体より抗体を除去
C：再度別の抗原タンパク質を検出（リプロービング）
抗体aを反応させ，抗体aと反応するタンパク質を検出します（A）．次に，抗原抗体より抗体を除去（B）した後，抗体βと反応させます（C）．同じ膜上のA，Cの結果は正確に比較でき，抗体aと抗体βが反応する分子を観察できます

図5-56-1は，抗体を剥がして再度別の抗体を反応させた事例です．

▶**プロトコール参照**▶　「参考図書-D」第2章-2　ウエスタンブロッティング（p.26-35）

<参考文献>
1) Kaufmann, S. H. et al. : The etasable Western Blot. Anal. Biochem., 161 : 89-95, 1987

<参考>
ハイブリダイゼーションと抗原抗体反応の共通性（図5-56-2）

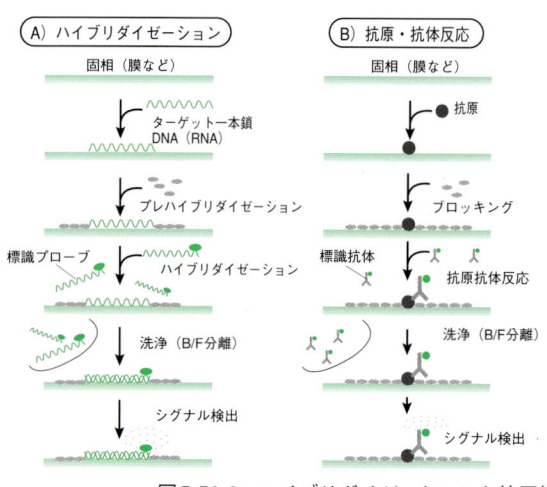

いずれも調べたい（ターゲット）DNAまたは抗原を固相に結合させた後，固相の非特異的な吸着サイトをブロックし，特異性の高いプローブや抗体を反応させ，洗浄によりプローブや抗体を除き〔B/F分離：Bound（結合）したものとFree（結合しない）ものを分ける〕，シグナルを検出します．主に特異性を決めている因子は，プローブや抗体の質です．しかし，吸着サイトのブロックと洗浄により，シグナルの検出レベルは左右されます．さらに，一度結合したプローブや抗体を剥がすことで，別のプローブや抗体と反応させるリプロービングが可能です

図5-56-2　ハイブリダイゼーションと抗原抗体反応の共通性

まとめ　ウエスタンブロッティングでもリプロービングができます．

実験技術

第2章「トラブル解決Q&A　Case」で出てくる実験技術のうち，DNA解析によく用いられる技術について紹介します．各技術の原理や利用法，そして使用する機器などについて説明します．さらに実際のデータや原著も示しました．

バイオ実験トラブル解決超基本 Q&A

実験技術
1 PCR法

　　PCR（Polymerase Chain Reaction）法は，微量のDNAを増幅する（増やす）技術であり，アメリカ・カリフォルニア州にあるCETUS（シータス）社のMullis（マリス）氏によって開発されたものである．同氏は，1993年にこの方法開発の業績によりノーベル賞を受賞した．この方法の原理は，細胞分裂に際してのDNAの複製に関する酵素系を，試験管内で再構築することである．特異的なプライマーと耐熱性DNAポリメラーゼにより特定の塩基配列をもつDNAを増幅できる（図1-1）．具体的には，1本の試験管の中でテンプレートDNAとプライマー，dNTP，耐熱性のTaq DNAポリメラーゼを加え二本鎖DNAの熱変性，プライマーのアニーリング，ポリメラーゼによる伸長反応を繰り返すことにより特定の配列をもつDNAを増幅するというものです．1回の反応で2倍に，さらに次の反応で4倍とねずみ算式にDNAが増幅され，30～40サイクルの反応により10万～100万倍の増幅ができる．このためngオーダーのゲノムDNAからでも分析に必要なDNAを確保できる．増幅DNA配列の特異性は，DNA合成機でつくられた20塩基程度のプライマーの配列で決められる．応用として，逆転写酵素（RT）と組合わせたRT-PCRによるmRNAをテンプレートとした増幅や，増幅しながらシークエンシング反応を行うサイクルシークエンスなどの技術に用いられる．遺伝子解析の基盤技術である．

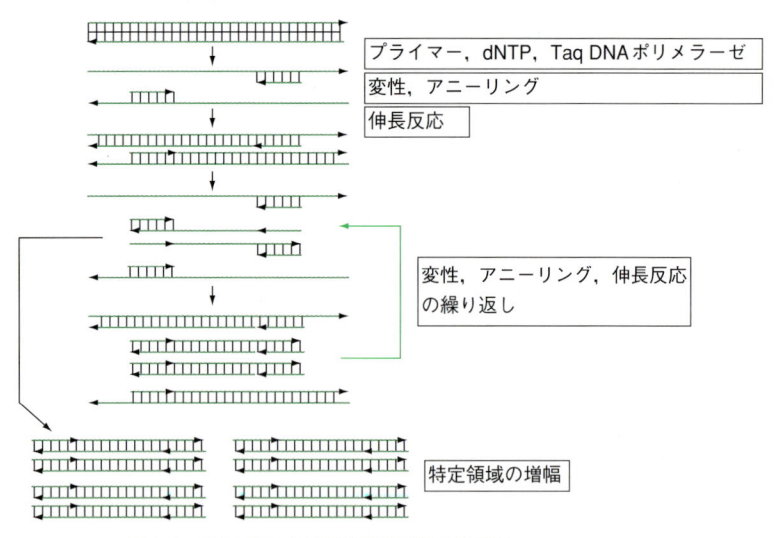

図1-1　PCR法による特定DNA配列の増幅

実験技術

2 PCR-RFLP法

　RFLPとはRestriction fragment Length Polymorphismsの略で制限酵素断片長多型のこと．

　DNA上で，DNA断片の挿入や欠失があった場合，塩基配列の変化が起こるために制限酵素による切断サイトの消失，移動または出現が起こる．このような場合，制限酵素で切断されたDNA断片の大きさに変化が生じ，制限酵素断片にさまざまな種類（多型）が現れる．また，点突然変異が起こった場合でも，点突然変異の配列が特定の制限酵素が認識するサイトである場合は，変異によりサイトが消失したり出現したりする．このように，塩基配列変化により制限酵素断片の大きさが変化することをRFLPという．昔はゲノムDNAを制限酵素処理しサザンハイブリダイゼーションによりRFLPを検出していた．しかし今では，PCR増幅産物を制限酵素処理してRFLPを調べ，点突然変異（図2-1）や多型の検出を行う（PCR-RFLP法）．

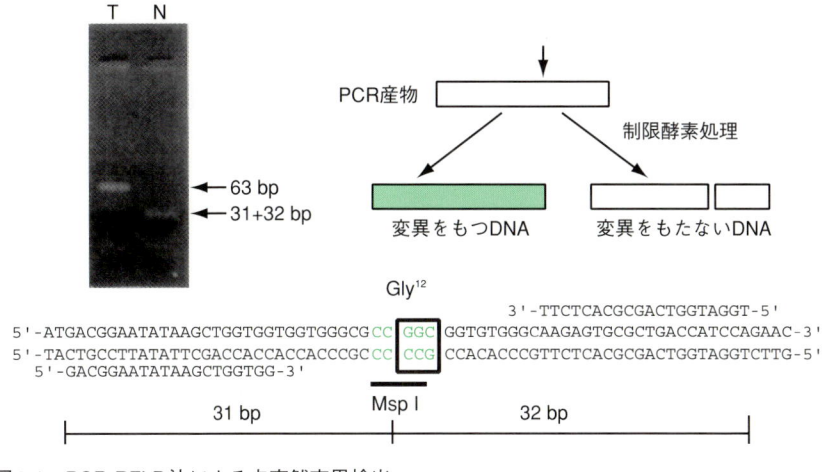

図2-1　PCR-RFLP法による点突然変異検出
　　　癌遺伝子c-H-ras codon 12点突然変異解析．この例では，正常なcodon12（Gly）を認識する酵素MspIが存在する．このため，GGC（Gly）からGTC（Val）への点突然変異が起こった場合，MspIが認識しなくなり，切断できなくなる．この変化は，ゲル電気泳動で検出される．この系では，変異を起こすと制限酵素で切れなくなるが，実験操作上の問題で切れなくなる可能性もある．このため，変異を起こすと切断される制限酵素を用いたり，両方の系を用いてPCR-RFLP法を行うこともある

227

実験技術 3 PCR-SSCP法

1 PCR-SSCP法の特徴

　　PCR-SSCP（PCR-single strand conformation polymorphism）法は，簡便に変異や多型をスクリーニングする方法で，日本語になおせば，一本鎖高次構造多型分析法となる．この原理を図3-1に示す．変異や多型を調べたいDNA領域をPCRで増幅した後，DNA濃度が希薄な条件でホルムアミド存在下で熱処理後冷却（熱変性）すると，一本鎖DNAの多くは再生せずに一本鎖内で水素結合により高次構造（立体構造）を形成する．具体的には，一本鎖の塩基配列上に相補的な配列があれば，配列同士が同一分子内で水素結合して高次構造をつくるのである．一方，変異や多型により塩基配列に違いがあると高次構造にも違いがでる．この高次構造の違いは，非変性ポリアクリルアミドゲル電気泳動（Normal PAGE）での移動度の違いとして検出できる．この性質を利用して遺伝子変異や多型を検出する．

　　PCR-SSCP法では，DNA変性後の再生を少なくし高次構造がつくりやすくするため，希薄なDNA溶液で実験を行う必要がある．また，高次構造は水素結合をベースにしているため，温度をコントロールして立体構造を安定化させて電気泳動する必要がある．このため，DNAの高感度検出と一定温度で高分離能をもつ電気泳動装置が必要となる．オリジナル論文[1]では，シークエンシング用のゲルで分離しRI検出を用いていたが，試薬の改良や蛍光技術や機器の発達により，現在では温度制御できるミニゲル電気泳動装置で泳動後銀染色する方法や，平板ゲルまたはキャピラリー電気泳動装置による方法などが汎用されている[2][3]．

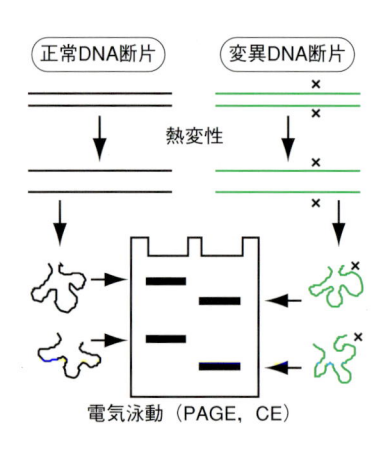

図3-1　PCR-SSCP法の原理
　　PCR産物を熱変性し，高次構造をつくった一本鎖DNAの違いをNormal PAGEで検出します

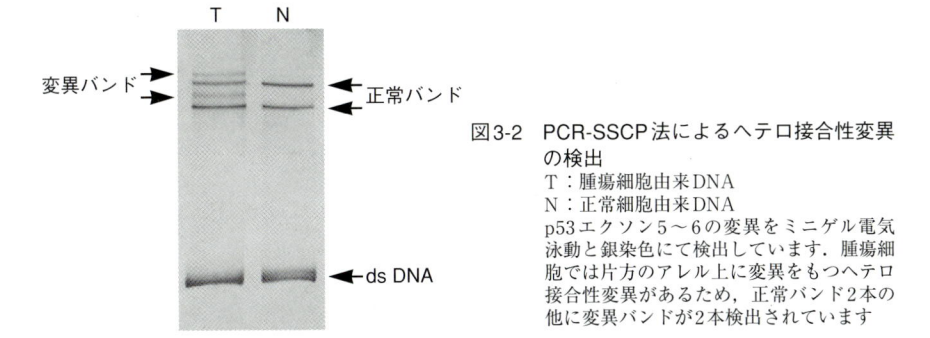

図3-2 PCR-SSCP法によるヘテロ接合性変異の検出
T：腫瘍細胞由来DNA
N：正常細胞由来DNA
p53エクソン5〜6の変異をミニゲル電気泳動と銀染色にて検出しています．腫瘍細胞では片方のアレル上に変異をもつヘテロ接合性変異があるため，正常バンド2本の他に変異バンドが2本検出されています

2 PCR-SSCP法の利点

　片方の染色体（アレル）上の遺伝子変異（ヘテロ接合性変異）や腫瘍細胞由来DNAなど変異遺伝子の含量が低い場合は，直接シークエンシングしても変異バンドが検出しにくい場合がある．PCR-SSCP法は，このような変異や多型のスクリーニングに有効である．PCR-SSCP法では，変異バンドは異なる位置に現れるために，変異アレルの含量が少なくても高感度に検出できる（図3-2）．このため，PCR-SSCP法でスクリーニングしてからシークエンシングで変異配列を決める方法が一般的である．しかし，400bp以上などPCR産物が大きすぎると検出率が落ち，プライマーのデザインや泳動温度に依存するなど，条件設定が難しい場合もある．Tris/Glycine緩衝液を用いて泳動させたり，アクリルアミドゲルにグリセロールを加えることで分離能を向上させる場合もある．グリセロールは，マキサムギルバート法によるシークエンシングの電気泳動の際に分離能向上で利用された方法である．

＜参考文献＞

1 ）Orita, M. et al. : Rapid and sensitive detection of point mutations and DNA polymorphisms using the polymerase chain reaction. Genomics, 5 : 874-879, 1989
2 ）Oto, M. et al. : Optimization of nonradioisotopic single strand conformation polymorphism analysis with a conventional minislab gel electrophoresis apparatus. Anal. Biochem., 213 : 19-22, 1993
3 ）Oto, M. : Clinical Application of Capillary Electrophoresis. edited by Parfley SM. Chapter 14, Humana Press Inc. : 1999

バイオ実験トラブル解決超基本 Q&A

実験技術 4 Heteroduplex 解析（HA）

PCRで増幅した正常DNA断片と検体のDNA断片を混合後熱変性し、両者の間にミスマッチをもったハイブリッド（Heteroduplex）が形成されるか否かを調べることにより変異を高感度に検出する方法がHeteroduplex解析（Heteroduplex Analysis：HA）である（図4-1）。Heteroduplex DNAの検出は、DGGE（Denaturing gradient gel electrophoresis）やTGGE（Temperature gradient gel electrophoresis）などの変性条件の電気泳動で行う[1]。この際、40塩基程度のGCクランプ（GCリッチな配列）をもつプライマーにて増幅すると、Heteroduplexを形成し、変性条件で構造変化の違いを検出しやすいようになる[1]。一方、DHPLC（Denaturing HPLC）を用いることにより、GCクランプを付けていないPCR産物でも短時間でHeteroduplexを検出できるようになった[2]。

DHPLCはイオンペアークロマトグラフィーの一種であり、DNA断片の分離やHeteroduplex DNAの分離に利用できるクロマトグラフィーである。このため、HAによるDNAの変異や多型解析に利用できる[2]。

1 分析原理

DNAはマイナス電荷をもっている。このためDNA断片は、親水基（プラス電荷）と疎水基の両方の極性をもつトリエチルアンモニウム（TEAA）を介して、カラムに充填した疎水性担体に結合できる。カラムに結合したDNAは、

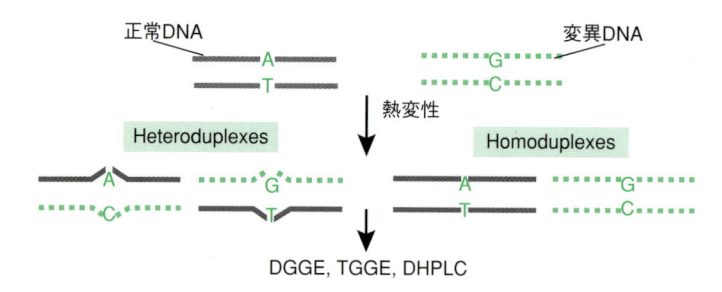

図4-1 Heteroduplex解析の原理
正常DNA配列A（T）が変異DNAでは塩基がG（C）に変化していたとする。正常DNAと変異DNA断片を混合して熱変性により一本鎖にした後、ゆっくり冷やすと正常DNA同士、または変異DNA同士が再生した二本鎖のDNA（Homoduplex）、ならびに正常一本鎖DNAと変異一本鎖DNAがミスマッチ（A-C、またはG-T）して再生した二本鎖DNA（Heteroduplex）が形成される。このHeteroduplexが形成されたか否かを分析することにより、変異が検出できる。分析方法には、ホルムアミドや尿素などの変性剤の濃度勾配をゲル中に作製して泳動するDGGE法や、ゲルの温度勾配を作製して泳動するTGGE法や、DHPLC法などがあるが、ゲルの作製や温度制御に難しさがある。

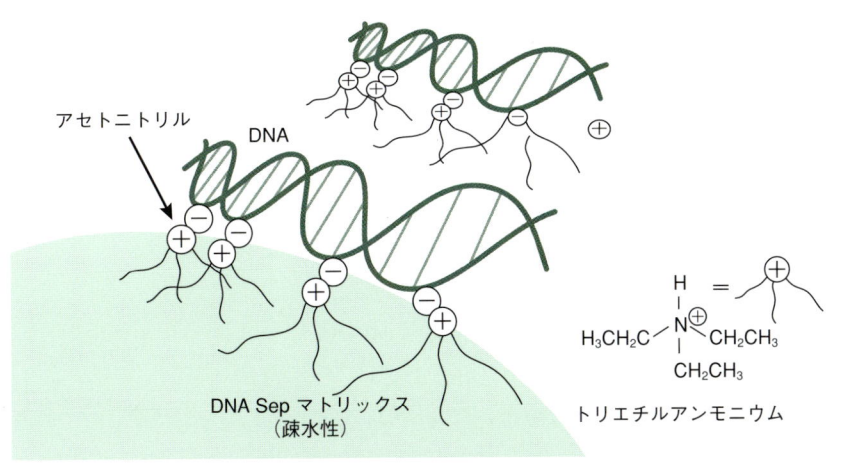

図4-2 DHPLCによるDNAの分析原理

アセトニトリル（ACN）の濃度勾配をかけることで，極性の変化により溶出される（図4-2）．このようなクロマトグラフィーをイオンペアークロマトグラフィーという．DNAの分離能は，アセトニトリルの濃度勾配を調節することにより設定できる．またHAでは，さらに温度条件の設定により分離能を調節できる．

2 DHPLC装置

現在市販されているDHPLC自動化装置は，米国Transgenomic社製のWAVEシステム（http://www.transgenomic.com/）などある．このシステムは，オートサンプラー，疎水性担体を含むDNA Sepカラム，UVまたは蛍光検出器，機器操作およびデータ解析用コンピュータから成り立っている．さらに，分離したDNAを回収するためのフラクションコレクターを接続し，変異をもつDNAを回収することもできる．DNA Sepカラムは装置のオーブンに組込まれており，分離の際の温度調節が可能である．また，ソフトウェアを用いることにより，解析における温度条件のシミュレーションが可能である．

3 DHPLCによる分析と利用

DHPLCによるDNAフラグメント分析の分離能，分析時間および再現性を決める要因は，アセトニトリル濃度勾配，分析温度である．適当な条件を設定することにより，DNA断片の500bp程度までならば数分間で分離できる．

DNA鑑定で利用できるSTRやVNTRなど繰り返し配列の分析を短時間で行うことも可能である[3]．

一方，HAにおいてDHPLCは，形成されたHeteroduplexをカラム温度を

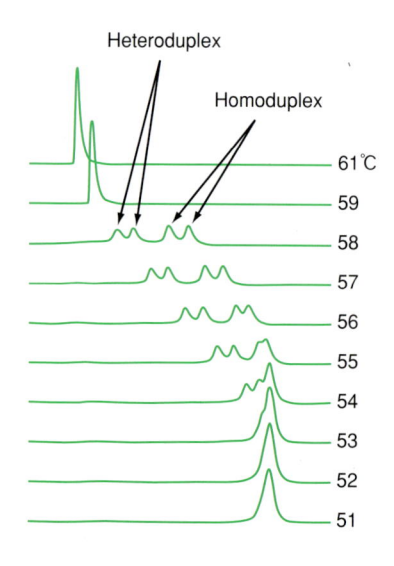

図4-3 HeteroduplexとHomoduplexの温度を変えた分析
Y染色体上のマーカーDYS271のPCR産物（209bp）の変異（AからG）の検出例である．正常と変異DNAを混合した後，温度を変えて分析した結果である

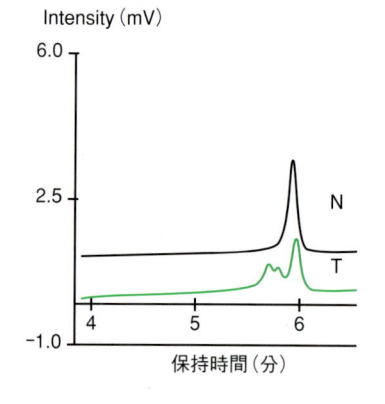

図4-4 Heteroduplex解析によるAPC点突然変異の検出
WAVE Makerでの変異検出分析温度の設定．ヘテロ接合体である癌細胞由来DNAよりAPCコドン1450付近を増幅させた．ヘテロ接合体のDNAを増幅させるとPCR反応中にHeteroduplexが形成されるため，PCR産物を直接分析した
N：正常細胞由来DNA
T：癌細胞由来DNA（ヘテロ接合体）

調節することにより短時間に分離・検出でき，変異や多型を分析できる（図4-3）．

図4-4は，癌抑制遺伝子APCについて一方のアレルに変異をもつヘテロ接合体変異解析の事例である．あらかじめソフトウェアにて分析温度条件を設定し，短時間で変異を検出できた[3]．

正常ピークとは異なる位置に変異ピークが現れるために，正常細胞を多く含む臨床検体など，変異をもつ細胞の含量が低い場合でもSSCP法と同様に高

感度の検出ができる．また，基本的にはHPLCであるから，変異ピークから
DNAを取り出し，シークエンシングすることも可能である[3]．
　また，DHPLCによるHAはSSCP法に比べ変異検出率が高い報告もある[4)5]，

＜参考文献＞
1) Sheffield, V. C. et. al. : In "PCR protocols. Innis, M. A. et al. eds.". Chapter 26 Academic press, 1990
2) Huber, C. G. et al. : High-resolution liquid chromatography of DNA fragments on non-porous poly (styrene-divinylbenzene) particles. Nucleic Acids Res., 21 : 1061-1066, 1993
3) 大藤道衛 : DHPLCによるDNAフラグメント解析．臨床検査, 44 : 1007-1014, 2000
4) Jones, A. C. et al. : Optimal temperature selection for mutation detection by denaturing HPLC and comparison to single-stranded conformation polymorphism and heteroduplex analysis. Clin. Chem., 45 : 1133-1140, 1999
5) Dobson-Stone, C. et al. : Comparison of fluorescent single-strand conformation polymorphism analysis and denaturing high-performance liquid chromatography for detection of EXT1 and EXT2 mutations in hereditary multiple exostoses. Eur. J. Hum. Genet., 8 : 24-32, 2000

5 キャピラリー電気泳動

　キャピラリー電気泳動（capillary electrophoresis：CE）とは，内径50〜100μm，長さ20〜70cmの毛細管（キャピラリー）中で電気泳動を行うことにより，DNAを含め電荷をもつ物質を分析する技術である．CEは平板ゲル電気泳動に比べて泳動時間が短く高い分離能をもち，さらに自動化できる特徴があるため，多数検体からのDNA分析に有効である．現在，数十検体を連続的に分析した後，分取できるCE装置（多目的CE装置）から，96穴や384穴プレートと連結し，一度に多数検体を解析できる多検体処理CE装置までが市販されている（図5-1）．従来CEは，キャピラリー内部にポリアクリルアミド等のゲルを充填して泳動を行っていたが，現在では調製が煩雑なゲルを用いないNon-gel sieving CE（セルロース誘導体ポリマーを含む緩衝液をキャピラリーに充填して行う泳動）により，短時間で再現性よく1塩基から数千塩基の一本鎖もしくは二本鎖DNAの分析が可能である．

　この方法は煩雑なゲルの作成が不要であり，しかも解析できるDNAサイズの範囲から，PCR増幅産物の解析やシークエンシングに威力を発揮しており，ゲノム解析での塩基配列決定の飛躍的スピードアップに貢献した．キャピラリーシークエンサーというのがCEのことである．これにより1日にできるシークエンシング速度は，1986年の約6,000塩基／1日から2000年の約600,000塩基／1日に進歩したと言われている．

1 CE装置の構造と分析方法

　CE装置は，高圧微弱電流型電源，オートサンプラー，泳動担体を入れたキャピラリー，蛍光検出器，データ解析用コンピュータから成り立っている（図5-2）．Non-gel sieving CEによる分析に際しては，まずポリマーを含む粘調な緩衝液をキャピラリー管内に注入した後，DNAサンプルを加圧または電気泳動によりキャピラリー内部へ注入する．次に，1万ボルト程度の高電圧をかけて電気泳動を行い，キャピラリー末端に置かれたUVまたは蛍光検出器により泳動されてきたDNAをモニターする．得られたデータは，さまざまなソフトウェアにより解析できる．

2 検出方法

　DNAの検出には，レーザーによる蛍光検出と紫外部（UV）での吸光度検出がある．蛍光検出を行うことにより感度を10〜100倍上昇させ，ノイズも低くすることが可能である．蛍光検出では，DNAを蛍光標識するか，Oli Green，SYBR Greenなどのインターカレーティング色素を緩衝液に加え泳動する方法がある．また，シークエンシングではDNAを蛍光標識して行う．

実験技術

多目的CE装置　　　　　　　　　　アレイ型CE装置

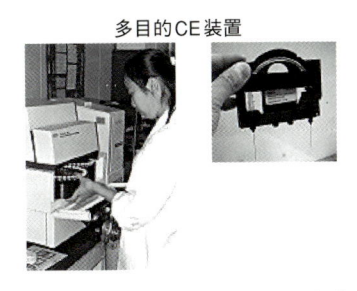

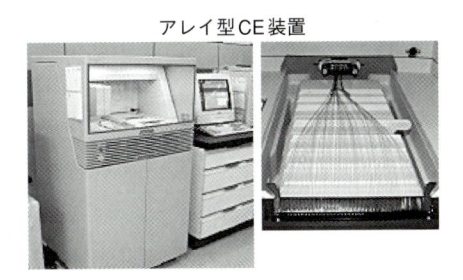

BioFocus 3000 (Bio-Rad Laboratoties)　　　ABI PRISM 3700 (96 capillary)

図5-1　いろいろなキャピラリー電気泳動装置
多目的CEは，温度調整や検出方法の選択が容易で，DNAに限らずタンパク質やシアル酸が付いた糖など，さまざまな生体物質の分析に利用できる機器である

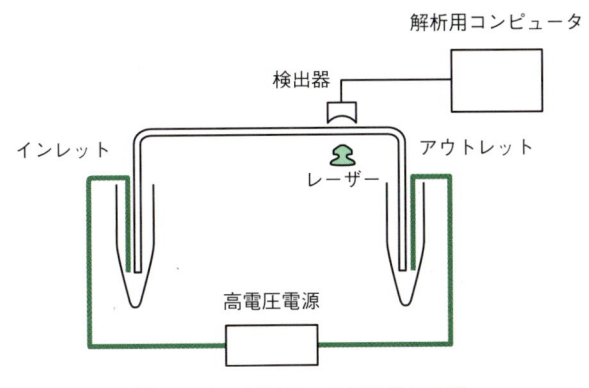

図5-2　キャピラリー電気泳動の原理

　一方，DNA解析に特化されたキャピラリーシークエンサーはシークエンシングや繰り返し配列の解析などに有効な機器である．アレイ型は，96本（384本もある）のキャピラリーを用い大量検体処理に用いられる．

3 分解能を決める要因

　キャピラリー電気泳動による分析の場合，分離能，泳動時間，再現性を決める要因は，電圧，泳動温度，キャピラリーの径と長さ，ポリマーの濃度である．通常，二本鎖DNAを分離する際に，内径50〜100μm，長さ25〜50cmのキャピラリーを用い，0.5〜1.0%程度のポリマーを含むトリス/ホウ酸緩衝液で泳動する．電圧条件は，高電圧ほど短時間で分離できるが，分離能が悪くなるので，対象とする塩基対数に応じ至適電圧を決定する．至適な条件を設定

235

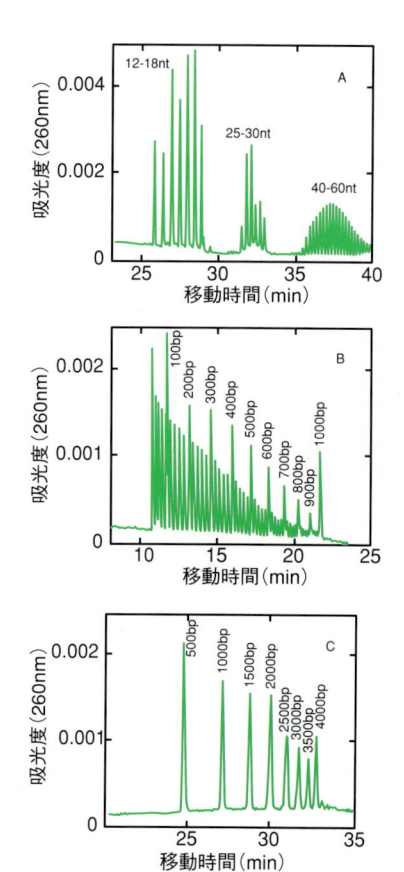

図5-3 CEの分離能と利用
A：12～60nt オリゴヌクレオチドの分析
B：100～1,000bp二本鎖DNAの分析
C：500～4,000bp二本鎖DNAの分析
Nongel-sieving CEでは，ポリマーの種類や濃度を変えることによりさまざまなサイズのDNAを分析できる．また，シークエンシングのみならず，SSCP法など電気泳動でできる分析は，すべて可能である

することにより一本鎖オリゴヌクレオチドから数千塩基対のDNAまで高い分解能で分析が可能である（図5-3）．このため，シークエンシングはもちろん，繰り返し配列の測定，SSCP法による多型や点突然変異の解析に利用できる．

実験技術 6 シークエンシング（塩基配列決定法）

　塩基配列を決定するシークエンシング法には，サンガー法とマキサム・ギルバート法がある．現在では，サンガー法[1]に基づく塩基配列決定法が用いられている．この原理は，DNAポリメラーゼの合成反応はddNTPの取り込みにより停止する，ということ基づいている．すなわち，DNAポリメラーゼによるDNA合成反応では，一本鎖のテンプレートDNAにプライマーが結合し，そこを始点としてdNTPを取り込みながら新たな鎖を合成する．この際にddATP，ddGTP，ddCTP，ddTTPのいずれかが取り込まれると，反応はそこで停止する．このため，1つ1つの塩基ごとに反応が停止したDNAが合成される（図6-1）．片鎖の伸長が途中で停止した二本鎖DNA（一部が一本鎖）をホルムアミド存在下で熱変性して一本鎖とした後，電気泳動し，その末端の塩基の種類を調べることにより塩基配列を決定できる（図6-2）．このためには，まず調べたいDNAを一本鎖のテンプレートとして得る必要がある．

1 テンプレートDNAの用意

　一本鎖ファージM13へのサブクローニング，pUC系プラスミドへのサブクローニングと変性，非対称PCR法で増幅した一本鎖DNA，などを用いる．

2 反応と解析

　一本鎖DNAをテンプレートとしdNTP，プライマーの他にddATP，ddGTP，ddCTP，ddTTPを含むチューブでDNAポリメラーゼによる合成反応を行い，合成停止により一部一本鎖がある二本鎖DNAを合成する．

　ホルムアミド存在下で熱変性後，電気泳動により塩基配列を決定する．この際に，新たに合成されるDNAを何らかの方法で標識し，電気泳動のバンドを検出できるようにする．この標識方法と電気泳動の種類によりさまざまな解析方法がある．以下に電気泳動の種類別に標識方法の組合わせをまとめた．

3 電気泳動装置（シークエンサー）の種類とシークエンシング反応の分類

A）平板ゲル電気泳動装置（手作業）

　放射性同位元素（RI）：^{32}P，^{33}P，^{35}S標識ヌクレオチドもしくはプライマー

　化学発光：ビオチンやDIG（ジゴキシゲニン）標識プライマーもしくは標識ddNTP

　1検体について4レーンを用いて泳動するオリジナルタイプ．

　RIを用いる場合は，電気泳動後ゲルを乾燥させてオートラジオグラフィーを行う．

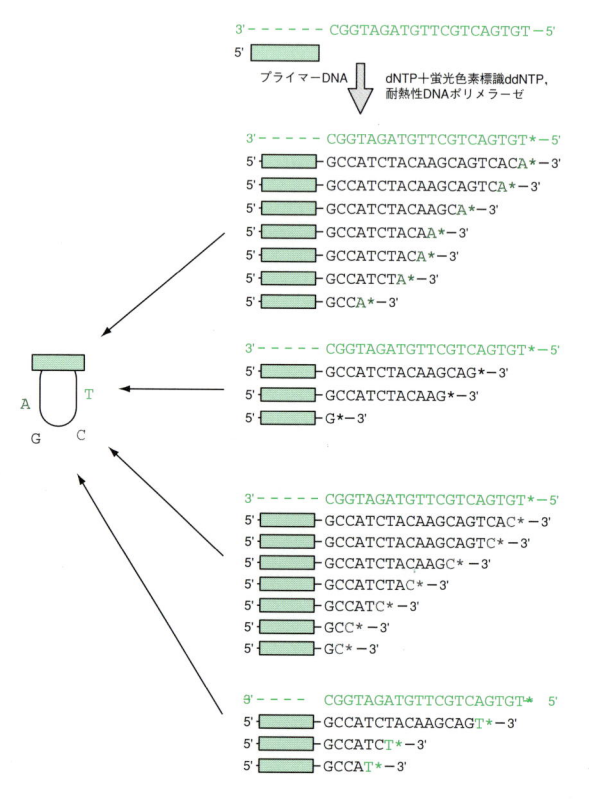

図6-1 ダイターミネーター法によるシークエンシング反応
調べたい一本鎖DNA断片が入ったチューブに，プライマー，DNAポリメラーゼの他，各々違う蛍光色素で標識したジデオキシヌクレオチド（ddATP, ddGTP, ddCTP, ddTTP）をdNTPと共に添加する．反応では，一本鎖のテンプレートDNAにプライマーが結合し，そこを始点としてdNTPを取り込みながら新たな鎖が合成される．この際，例えばテンプレートDNAの配列が"T"の場合，dATPが取り込まれれば反応は進むが，ddATPが取り込まれると反応は"T"の位置で停止する．そこでチューブ内では，末端がAで反応が停止したDNA断片のセットが合成される．G, C, Tについても同様の反応が起こる

化学発光の場合は，電気泳動後ゲル中のDNAをナイロン膜等に転写（サザンブロッティング）した後に，膜上でアビジンビオチン法やDIG-抗DIG抗体反応などで標識DNAを検出してシークエンスを決める．

B）平板ゲル電気泳動自動化装置（オートシークエンサー）
蛍光物質：蛍光標識プライマー（ダイプライマー法：1色蛍光物質）
　　　もしくはddNTP（ダイターミネーター法：ddATP, ddGTP, ddCTP, ddTTP別色の4色蛍光物質）

実験技術

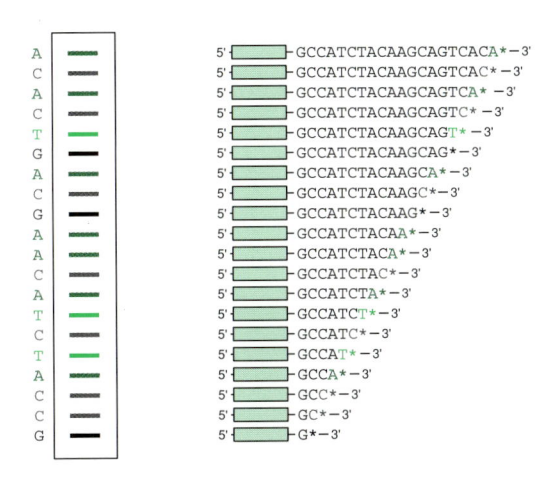

```
A  ─            5'─[ ]─GCCATCTACAAGCAGTCACA*─3'
C  ─            5'─[ ]─GCCATCTACAAGCAGTCAC*─3'
A  ─            5'─[ ]─GCCATCTACAAGCAGTCA*─3'
C  ─            5'─[ ]─GCCATCTACAAGCAGTC*─3'
T  ─            5'─[ ]─GCCATCTACAAGCAGT*─3'
G  ─            5'─[ ]─GCCATCTACAAGCAG*─3'
A  ─            5'─[ ]─GCCATCTACAAGCA*─3'
C  ─            5'─[ ]─GCCATCTACAAGC*─3'
G  ─            5'─[ ]─GCCATCTACAAG*─3'
A  ─            5'─[ ]─GCCATCTACAA*─3'
A  ─            5'─[ ]─GCCATCTACA*─3'
C  ─            5'─[ ]─GCCATCTAC*─3'
A  ─            5'─[ ]─GCCATCTA*─3'
T  ─            5'─[ ]─GCCATCT*─3'
C  ─            5'─[ ]─GCCATC*─3'
T  ─            5'─[ ]─GCCAT*─3'
A  ─            5'─[ ]─GCCA*─3'
C  ─            5'─[ ]─GCC*─3'
C  ─            5'─[ ]─GC*─3'
G  ─            5'─[ ]─G*─3'
```

図6-2 シークエンシング反応産物の電気泳動と塩基配列の決定
合成された二本鎖DNAをホルムアミド存在下で熱変性して一本鎖とした後,変性ポリアクリルアミドゲル電気泳動(もしくは,キャピラリー電気泳動)にて各断片を分離する.1レーンを用いた電気泳動で,4種類のddNTPで停止した各末端塩基の種類は蛍光の波長で見分けられ,塩基配列を決定できる

ダイプライマー法では,1検体について4レーンを用いて泳動するが,ddNTPを4種類の異なる蛍光物質で標識するダイターミネーター法では,1検体を1レーンで解析できる(図6-2).

C) 全自動キャピラリー電気泳動装置(キャピラリーシークエンサー)
蛍光物質:蛍光標識ddNTP(ダイターミネーター法:4色蛍光物質.図6-1)

1つのキャピラリー管内で泳動するために,ダイターミネーター法しかできない.

キャピラリーシークエンサーには,1本掛け(PRISM310:ABI)から,16本掛け(PRISM3100:ABI)96本掛け(MEGA Base, PRISM3700:ABI)さらには384本掛けのようにハイスループット化されたものまで市販されている.

<参考文献>
1) Sanger, F. et al. : DNA sequencing with chain-terminating inhibitors. Proc. Natl. Acad. Sci. USA, 74 : 5466-5467, 1977

バイオ実験トラブル解決超基本 Q&A

実験技術 7 リアルタイムPCR法

　DNA合成酵素は，プライマーがアニーリングし一部が二本鎖，残りが一本鎖のテンプレートDNAおよびdNTPを基質とし合成反応を行う．この際，蛍光物質を作用させることにより合成反応が起こると蛍光シグナルが発生する系を組むと，PCR反応を続けながらホモジニアスな系でリアルタイムにPCR産物の生成量をモニタリングでき，テンプレートの定量が可能となる．通常，PCR反応が終了したDNA断片の電気泳動バンドの濃さは，DNA合成酵素反応が充分に行われ最終的に到達したエンドポイントでの結果を見ているため，テンプレートの量を反映していない．リアルタイムPCRでは，酵素反応をモニタリングし，いわばその初速度からテンプレートを定量している．すなわち，テンプレートが多い場合は少ないサイクル数で蛍光が検出でき，テンプレートが少ない場合は多いサイクル数でなければ蛍光が検出できない（図7-1）．

1 蛍光物質による酵素反応検出方法

　リアルタイムPCR法では，何らかの方法で酵素反応により蛍光が発するようにする．これにはいくつかの方法がある．

A）インターカレーション法

　反応の際に合成された二本鎖DNAに結合し，蛍光を発するSYBR Green Iなどの蛍光色素を取り込ませ（インターカレートさせ），PCR反応に応じた蛍光を検出する．

B）TaqManプローブ法

　2つのPCRプライマーとは別に，2つのプライマーに囲まれた増幅配列とハイブリダイズできる第3のオリゴヌクレオチドプローブを用意する[注1]．この第3のプローブの5′，3′両末端におのおの別の蛍光色素を結合させておく[注2]．PCR反応に伴い，Taq DNAポリメラーゼがもつ5′-3′エキソヌクレアーゼ活性により第3のプローブは分解し，FRET効果[注3]により発した蛍光を検出する[1]．

注1：プライマーも特異的な配列と結合するためプローブとしての役割をもつため，プライマーは第1，第2のプローブと言える．

注2：第3のプローブをTaqManプローブという．TaqManプローブには，5′末端にレポーター色素（R）としてフルオロセインなどを，3′末端にクエンチャー色素（Q）としてローダミンなどを結合させてある．

注3：この場合のFRET（Fluorescence resonance energy transfer）とは，レポーター色素のエネルギーがクエンチャー色素の励起に使われ，結果として蛍光を発しない．TaqManプローブが分解するとレポーター色素とクエンチャー色素が離れ，FRETがなくなりレポーター色素の蛍光が検出される．つまり，PCR反応により蛍光が発せられる（図7-2）．

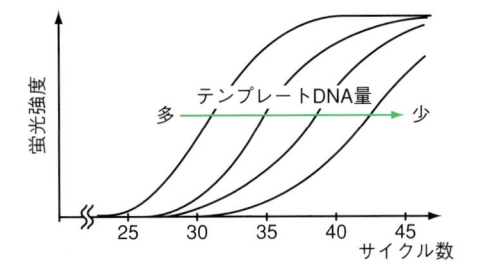

図7-1 リアルタイムPCRによるテンプレートDNAの定量
テンプレート量が増えるに従い検出され始めるサイクル数は，少なくなる．あらかじめ量がわかっているスタンダードDNAで検量線を描くことにより定量ができる

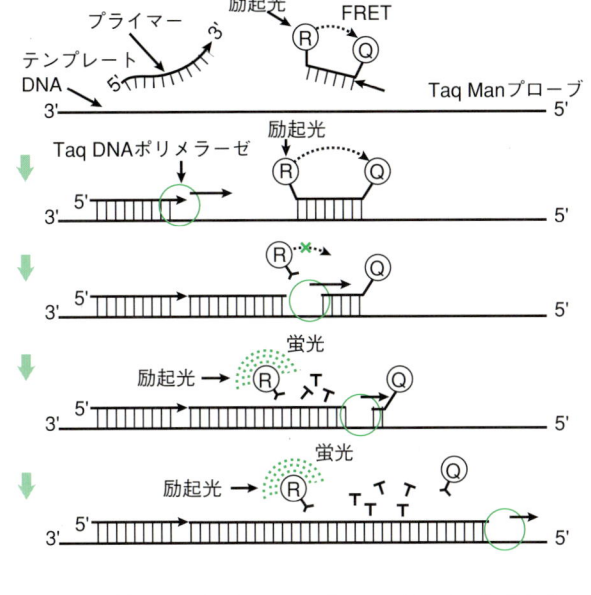

図7-2 PCRに伴う蛍光発生の原理（Taq Manプローブ法）
Taq Manプローブが分解するとレポーターの蛍光が検出できる

他に，モレキュラービーコン法，ハイブリプローブ法などがある[2]．

2 リアルタイムPCR機器

PRISM7700（Applied Biosystems），LightCycler（Roche Diagnostics），iCycler iQ（Bio-Rad Laboratories）などがある．

<参考文献>

1) Holland, P. M. et al. : Detection of specific polymerase chain reaction product by utilizing the 5'-3' exonuclease activity of Thermus aquaticus DNA polymerase. Proc. Natl. Acad. Sci. USA, 88 : 7276-7280, 1991
2) 川口竜二，工藤英之：迅速型リアルタイムPCRによる高感度mRNA定量法の白血病診断への応用．臨床検査, 44 : 668-678, 2000

索引

欧文索引

記号

%C	131
%T	131
1×TAE	126
3'→5'ヌクレアーゼ活性	154
5'→3'ヌクレアーゼ活性	154
6×Hisタグ	188
8-ヒドロキシキノリン	112
α型	153
β-lactamase	88

A, B

A260/A280	111
ABI PRISM 3700	235
Alkaline phosphatase	176
AmpliTaq Gold	151
AP	176
BCA法	201
BigDye	167
BioFocus 3000	235
blunt end	71
Bovine Serum Albumin	195, 214
BPB色素	119
Bradford法	200
BSA	195, 214, 219, 220

C

CaCl法	87
CBB（Coomassie Brilliant Blue）G250	200, 207
CBB R250	206, 207
cccDNA	72, 98
Chelex-100	117
cohesive end	71
Cold Run	41
contamination	43
Copper stain	196

D

dam methylase	59
dcm methylase	59
Denaturing gradient gel electrophoresis	230
Denaturing HPLC	230
DEPC	174
DEPC処理滅菌水	174
DEXPAT	117
DGGE	230
DHPLC	168, 230
Diethyl pyrocarbonate	174
DNase	104, 116, 148
DNAポリメラーゼ	237
dNTP	144

E, F

EDC	215
EDTA	104, 116, 143
EDTA-Mg^{2+}錯体	116
EDTA・2Na	104
EtBr	33, 72, 123
Ethidium bromide	123
Fidelity	153
Fluorescence resonance energy transfer	240
Folding	188
Folin加銅法	201
Folin試薬	201
Fraction V	219
FRET	240
Freundの完全アジュバント	218

G, H

GenBank	140, 141
GeneClean	79
Glutathion S-transferase	188
GST	188
GST融合タンパク質	188
HA	230
Hanahan法（RbCl法）	87
Heterobifunctional cross-linker	215
Heteroduplex	232
Heteroduplex解析	107, 168, 230
Heteroduplex解析法	167
Heteroduplex法	37
Hisタグ	188
Homoduplex	232
Horseradish peroxidase	177
HPLC	196

I, K, L

iCycler iQ	241
IgG H鎖	205
IgG L鎖	205
Inclusion body	188, 205
Instagene	117

索引

IPTG		23
Isoshizomer		61, 63, 81
Keyhole limpet hemocyanin		214
KLH		214
lacZ		92
LightCycler		241
linear DNA		98
Lowry法		201

M, N, O

Mg^{2+}		116, 149
MiniElute PCR purification kit		159
N, N'-メチレンビスアクリルアミド		122, 131
NaI		78, 158
NaN_3		219
Negative control		35
Non-gel sieving CE		234
nonfat milk		221
Nusieve 3:1		124
Nusieve 3:1 agarose		80
Nusieve 3:1 アガロース		158
N末端		206
ocDNA		72, 98
Oli Green		234

P

PAGE		122, 196
Pass through		203
PCR		139, 226
PCR-RFLP法		107, 156, 227
PCR-SSCP（法）		107, 156, 166, 228
PCR産物		119
PCR法		107
Pfu DNAポリメラーゼ		153
Phenol/CIA		96
PLATINUM Taq DNA polymerase		151
Pol I 型		153
Polymerase Chain Reaction		226
Positive control		35
PRISM7700		241
proof reading型		140
Protein A		203
Protein assay		200
Proteinase K／SDS		117
Protein Data Bank		214
PubMed		141
Pyrococcus furiosus		153

R

RasMol		213, 216
Refolding		189
Restriction fragment Length Polymorphisms		227
Reverse osmosis		175
RFLP		227
RNase		173
RO		175
RT-PCR		181

S

SDS-PAGE		206
SDSポリアクリルアミドゲル電気泳動		184
SnakeSkin		190
SSCP法		37
Step down法		146
STR		231
Sulfo-SMCC		214
SuperCarrier Immune Modulator		214
SYBR Gold		123
SYBR Green		33, 123, 234

T

T4 DNAリガーゼ		83, 86
Taq DNAポリメラーゼ		153, 226
TaqMan プローブ法		240
TaqMan反応		154
TAクローニング		154
TEMED		132
Temperature gradient gel electrophoresis		230
TE緩衝液		104
TGGE		230
Thermus aquaticus		153
Tm（値）		147, 149
Touch down法		146
Tris/Glycine緩衝液		229
Tween20		195, 221

U, V, X

UV（紫外部）吸収法		199
Visking		190
VNTR		231
X-gal		23

索引

和文索引

ア

アガロースゲル電気泳動 119, 123
アクリルアミド 122, 131
アセトニトリル 231
後染め 123
アニーリング 149, 226
アニーリング温度 146
アビジン・ビオチン 177, 222
アフィニティークロマトグラフィー 185, 203
アミノ酸配列 217
アルカリ中和 76
アルブミン 205
アルミ板 129
アレイ型CE装置 235
アンピシリン分解酵素 88

イ

イオン強度 204
イオン交換水／脱イオン水 137
イオンペアークロマトグラフィー 230
イムノブロッティング(法) 46, 209, 211, 220, 222
イメージアナライザー 176
インサート 63, 98, 100
陰性コントロール 35
インターカレーション法 240
インターカレーティング色素 234
イントロン 182

ウ〜オ

ウエスタンブロッティング 172, 209, 223
ウエスタンブロット 220
エキソン 182
エタノール沈殿 67, 76, 77
エチジウムブロマイド 123
エチブロ 123
遠心分離 76
オーバーホール 144

カ，キ

界面活性剤 188, 189
撹拌 27
カゼイン 220
ガラスビーズ法 78
カラーセレクション 92
カラムクロマトグラフィー 184
キット 23, 34, 36
キャピラリーシークエンサー 163, 234, 239
キャピラリー電気泳動 107, 122, 234
キャリアータンパク質 213
吸収スペクトル 112
銀染色(法) 124, 136, 207

ク〜コ

グアニジウム溶液 174
グリセロール 29, 56, 63, 229
形質転換 22, 89
形質転換効率 87
ケオトロピックイオン 204
ゲノムDNA 98, 111, 115, 182
ゲル濾過クロマトグラフィー 184, 194
酵素活性 193
酵素タンパク質 192
高速液体クロマトグラフィー 196
コヘシブエンド 71, 85, 89
コロニー 89
コンタミ 43, 44
コントロール 21, 35
コンピテント細胞 22, 87, 90
混合 27

サ

サイクルシークエンシング 163, 166
サイクル数 147
サザンハイブリダイゼーション 172
サブクラス 203
サブクローニング 16, 52, 53, 63, 70, 82, 89, 92, 237
サンガー法 237
サンプル 26

シ

色素結合法 200, 206
シークエンサー 237
シークエンシング 38, 107, 160, 237

索引

至適温度	66
シャトルPCR	140
ジャケット	129
純水	138, 175
蒸留水	137
触媒	131

ス

水道水	137
スケールアップ	69
スター活性	19, 61
スターラー	28
スターラーバー	28
スマイリング	128
スメアー	110, 145, 149, 181
スラント	57
スリーピースライゲーション	83

セ，ソ

精	44
制限酵素	16, 19, 65, 96
制限酵素反応	66
制限酵素部位	100
正常アレル	166
セルフライゲーション	92, 93
先入観	25
粗	44

タ

ダイターミネーター（法）	167, 238
耐熱性DNAポリメラーゼ	153
ダイプライマー法	238
多目的CE装置	234, 235

多型解析	115
脱リン酸化	92, 93
脱脂粉乳	221
タッチダウンPCR	140
タンパク質抗原	211
タンパク質定量	199

チ，テ

チビタン	29
チメロサール	219
超純水	138, 175
調製用電気泳動	197
チロシン	199
テトラプレックス	152
転倒混和	28
テンプレートDNA	142, 160
データベース	48
電気泳動	126

ト

凍結融解	105, 219
透析膜	190
糖濃縮	190
突出末端	71
ドットハイブリダイゼーション	177, 181
ドットブロッティング	170
ドットブロット	220
トラブル解決ノート	49
トランスイルミネータ	79, 123
トリプトファン	199

ニ〜ノ

二抗体法	222
ニック	21
尿素	188

ネガティブ染色法	208
ノーザンハイブリダイゼーション	172, 181
ノーザンブロッティング	170
ノーザンブロット法	181

ハ，ヒ

バイオフォーレシス	197
ハイブリダイゼーション	170, 178
ハウスキーピング遺伝子	183
バックグラウンド	136, 220, 223
バーティカルローター	75
ハプテン	209, 217
ハプテン抗原	213
ハプテン標識プローブ	176
非対称	100
非対称PCR法	237
非特異的な増幅	149
ピペッティング	28
非放射性ハイブリダイゼーション	176

フ

封入体	188, 205
フェノール	96
フェノール試薬	201
フェノール抽出	67, 110
フォールディング	188
部分消化	59, 69
プライマー	144, 145, 226
フラクションチューブ	195
プラスミド	17, 56, 66, 96, 98

245

索引

ブラックボックス 40
ブラントエンド
　　　　　71, 83, 89, 100
ブラントエンドライゲーション 70
フリーザー 105
プレップ2 20
プレミックス溶液 30
プロテインアッセイ 35, 37
プロトコール 25, 38
ブロッキング 220
ブロッティング 178
ブロモフェノールブルー 29
分光光度計 40
分子ふるい 122

ヘ

平滑末端 71
ベクター 100
ヘテロ接合性変異 229
ペプチド 215
変異アレル 166
変異スクリーニング法 156
変異や多型 228
変性 226

ホ

妨害物質 199
芳香族アミノ酸 199
ホットスタート（法）
　　　　　150, 151
ポリアクリルアミドゲル 131
ポリアクリルアミドゲル
　電気泳動 128, 196, 212

ポリクローナル抗体
　　　　　211, 218
ポリマー入り緩衝液 122
ボルテックスミキサー 28
ホルマリン固定 117
ホルムアミド 237
ホルムアルデヒド 171

マ〜モ

マイクロアッセイ 54, 55
マキサム・ギルバート法 237
マルチクローニングサイト 70
ミスアニーリング 148
ミニプレップ
　　　17, 22, 55, 66, 96, 98
メチル化 18, 58
メチル化酵素 58
免疫原 217
免疫グロブリン 203
モデル491プレップセル 197
モノクローナル抗体
　　　　　203, 218

ヨ, ラ

陽性コントロール 35
ライゲーション 59
ライブラリー 52
ラッピーバッグ 179

リ, レ, ロ

リアルタイムPCR（法）
　　　　　182, 240
リガンド 203

リバース染色法 208
リフォールディング 189
リプロービング 224
硫安分画 192
硫安分画後 190
リンカー 70, 81
リン酸基 119
冷蔵保存 104
ロット 68

● 著者紹介 ●

著者：大藤道衛（おおとう　みちえい）1957年2月8日生（神奈川県）

東京テクニカルカレッジ・バイオテクノロジー科講師．東京農工大学大学院農学府非常勤講師/前橋工科大学工学部非常勤講師/工学院大学工学部機械工学科非常勤講師．千葉大学園芸学部農芸化学科卒業，医学博士（東京医科歯科大学医学部），上級バイオ技術認定（日本バイオ技術教育学会）．7年間の製薬企業勤務の後，現職．専門学校でクローニング技術やPCR，電気泳動など遺伝子解析の基礎技術を指導しています．また東京医科歯科大学医学部・分子腫瘍医学湯浅保仁教授のグループで，PCRやキャピラリー電気泳動などDNA解析方法を応用した遺伝子診断自動化技術の開発や改良を行っています．主な著書：「臨床DNA診断法」金原出版（1995）（分担執筆），「Methods in molecular medicine "Clinical Application of Capillary Electrophoresis"」(S. M. Palfrey, ed.) Humana press（1999）（分担執筆）．だれでも簡単にできる分析技術を追求しています．また，一見難しそうな内容をわかりやすく学べる教材開発をめざしています．今後，一般の人に対する遺伝子教育も取り組みたいと思っています．趣味は，パソコン，スキー，ウインドサーフィン．

バイオ実験トラブル解決超基本Q&A

2002年4月1日　第1刷発行
2009年6月5日　第4刷発行

著　者　　　　　大藤　道衛
発行人　　　　　一戸　裕子
発行所　　　　　株式会社　羊土社
　　　　　〒101-0052　東京都千代田区神田小川町2-5-1
　　　　　　　　　（電話）03（5282）1211
　　　　　　　　　（FAX）03（5282）1212
　　　　　　　　E-mail：eigyo@yodosha.co.jp
　　　　　　　　URL：http://www.yodosha.co.jp/
装　幀　　　　　日下　充典
印刷所　　　　　株式会社　平河工業社

©Michiei Ohtou, 2002 Printed in Japan
ISBN978-4-89706-276-1

本書の複写権・複製権・転載権・翻訳権・データベースへの取り込みおよび送信（送信可能化権を含む）・上映権・譲渡権は，（株）羊土社が保有します．

JCLS ＜（株）日本著作出版管理システム委託出版物＞ 本書の無断複写は著作権法上での例外を除き禁じられています．複写される場合は，そのつど事前に（株）日本著作出版管理システム（TEL 03-3817-5670, FAX 03-3815-8199）の許諾を得てください．

誰もがぶつかる将来への不安を払拭！

博士号を取る時に考えること取った後できること
生命科学を学んだ人の人生設計

三浦有紀子，仙石慎太郎／著

『実験医学』の好評連載が待望の単行本化！博士号を活かした生き方とは？博士に必要なスキルとは？将来と真剣に向き合う時，必ず力になる一冊．実際に道を切り拓いた先輩の声も満載！全ての大学院生，ポスドク必見！

- 定価（本体 2,900円＋税）
- A5判　239頁
- ISBN978-4-7581-2003-6

知らなきゃ後悔する失敗の解決策が満載！

バイオ実験 誰もがつまずく失敗＆ナットク解決法

大藤道衛／編

失敗は宝の山だ！"ささいなミス"から"危険な事故"まで，85のよくある失敗を収録．読みやすい＆イメージしやすいケーススタディ形式で，いざというとき慌てない，失敗への対応力と実験の基礎力が身に付く一冊！

- 定価（本体 3,600円＋税）
- A5判　238頁
- ISBN978-4-7581-0727-3

発行　羊土社 YODOSHA
〒101-0052 東京都千代田区神田小川町2-5-1　TEL 03(5282)1211　FAX 03(5282)1212
E-mail：eigyo@yodosha.co.jp
URL：http://www.yodosha.co.jp/

ご注文は最寄りの書店，または小社営業部まで